字的家族 ③

人 體 與 同 源 字 篇

編著◎邱昭瑜

新雅文化事業有限公司

www.sunya.com.hk

　　我所播下的心願種子《中國文字的前世今生——文字的奧祕》，已經在許多讀者的心中生根發芽了。現在《字的家族》是我為這顆種子特調的神奇生長藥水，可以幫助種子像傑克的魔豆一樣快速生長，希望讀者們可以順着這棵心願樹的枝條，找到倉頡大仙的語文寶藏。

　　小朋友，在你跟着倉頡大仙去認識各個文字家族之前，我想先跟你説説話兒……

　　文字是人類發明的，人類有家族，文字當然也有家族啦！中國文字最可愛的地方，就是當你認識那個文字家族的族長之後，就算在其他地方看到被遺漏了的家族成員，你也能一眼就認出它是屬於哪一個家族的！什麼？你連族長是什麼模樣都弄不清楚？説得簡單一點，族長就是你常聽到的「部首」，不過不只是「部首」可以當族長，「同源字」也可以當族長。什麼是「同源字」呢？就是有同樣根源的字囉！

　　現在，我邀請各個文字家族裏的一些常見成員來聚會。不過，我想你可能會有這樣的疑問：「這個家族成員的數目只有這些嗎？」當然不是的！因為在我發出邀請函請這些文字回家族聚聚的時候，有些文字正在旅行不便參加，有些文字則堅持隱居、不想再過問家族的事，所以你看到的家族成員就只有這些愛熱鬧又愛出風頭的囉！你或許會發現這些參加聚會的成員有很多是「熟面孔」，也就是説你常常會看到它的，其實這些熟面孔都是我特別邀請一定要回來聚會的成員呢！説到這裏，你可能會問：「是不是所有的熟面孔我都可以看見？」假如你希望在這裏看到所有的熟面孔，我就只能説聲抱歉囉！有些熟面孔沒有出現，因為它們是「形

聲字」，也就是除了跟族長有血緣關係之外，另外一部分就純粹是表示聲音的符號，沒有特殊的意義，所以它們覺得和其他成員在一起會很無聊，也不想參加聚會。為什麼會有這種狀況呢？那是因為先有語言才有文字，有些人們口頭上已經說習慣的語言在要造字的時候，卻發現除了類別之外，找不到其他的符號可以表示屬於這個語言的意義，所以就找了一個發音相同或相近的符號，跟這個類別搭配構成一個字囉！還有一些太小的家族覺得成員太少、不好意思參加這種盛會，便先跟我打招呼說要去家族旅行了，你以後或許會在某個角落或沙漠遇見它們，所以在這裏請允許它們缺席吧！

另外，在這套《字的家族》裏，我還請來一位已經雲遊四海四千多年的「倉頡大仙」來陪伴小朋友們學習中國文字，相信小朋友們一定很想知道倉頡大仙是個怎樣的人？其實嚴格說來，倉頡大仙已經不是「人」了，因為他早就成「仙」了嘛！我們請倉頡大仙先上台作個自我介紹……

各位小朋友大家好

我是倉頡大仙，今年已經四千五百多歲了，這年齡好像有點……「大」對不對？不過比起那個造人的女媧娘娘，我可是小巫見大巫哩！咳～有點離題了是不是？請小朋友原諒老爺爺見過的人、知道的事太多，有時扯起來就是會沒完沒了……

還是來說說中國文字吧！想當年我還是一個年輕俊俏的小伙子，那時我可真是意氣風發呢！因為我當了黃帝的史官……什麼？不知道「史官」是什麼？我想想噢！我當時做的工作，就是把黃帝做了什麼事、國家發生什麼大事記載下來，這大概就是史官的工作囉！咦？我看到有個聰明的小朋友舉手問我問題了！什麼？你要問我是怎麼「記載」下這些事嗎？這可問到重點了！

以前沒有文字的時候，這可是個大麻煩！想當年還是流行「結繩記事」，那真不是一種好法子。為了一個繩結是一隻兔子還是一頭牛，黃帝和蚩尤還吵起來差點打架呢！蚩尤是誰？那是一個大壞蛋！以後我有時間再告訴你們蚩尤的故事……

我為了可以清楚地把國家大事記載下來，每天從早到晚都在想辦法。有一天我走到河邊正煩惱的時候，突然看到鳥獸在地上留下來的痕跡，那時我靈光一閃，就照着那些痕跡來畫簡筆圖，就有了像「爪」這樣的字，然後我抬起頭來看到河川在流動，又讓我畫出了「川」字，再往上看，又看到了「山」、「木」、「云」、「日」……於是，越來越多的文字就這麼被我創造出來了！很有趣吧！你現在發現原來中國文字最古早的時候是從圖畫變來的吧！

後來，文字繁衍得越來越多，把它們分門別類之後，就是你馬上要看的《字的家族》啦！以後我會在每個「家族」裏出現，告訴小朋友更多知識和故事噢！謝謝各位捧場，我們以後見！

目錄

人 的 家 族

「人」在甲骨文中畫的是人體的側面圖，跟人的外表、稱呼、活動及品行有關的字，大多有個「人」偏旁，當作部首時寫成「亻」。

人

8

rén

仁

亻 + 二

有道德的人；寬惠的德性

- 「二」是數字中的第一個偶數，就符號來說是跟天相對的地，引申有天地的意思，而天地生人與萬物則是抱着慈愛的心。

- 仁慈、一視同仁、仁民愛物、見仁見智、麻木不仁

huà

化

亻 + 匕

改變

- 這個字從甲骨文看起來，畫的是兩個人一正一反的立着，所以形體看起來像是反覆引轉的樣子，也就產生了變化的意思。

- 化石、文化、化險為夷、出神入化、逢凶化吉

敵對、怨恨

chóu
仇
亻 + 九

- 「九」是數目字最大的數，有終極的意思，而仇人相對則是沒完沒了、勢難兩立，也有「終極」的意味。

- 仇恨、報仇、反目成仇、同仇敵愾、嫉惡如仇

更替

dài
代
亻 + 弋

- 「弋」是小木椿，豎在門的中間可用來分別內外，表示外面和裏面是不同的；而人事物作更替時，也是前後不同的。

- 代表、世代、古代、傳宗接代、新陳代謝

能長生不老、有特殊本領的人

xiān
仙
亻 + 山

- 這個字很有趣，人在山中便成了仙，古人認為人到山中修道便能成仙，可以長生不老。

- 仙女、仙境、水仙、神仙、仙風道骨

把東西交給別人

fù
付
亻 + 寸

- 「寸」字畫的是離手一寸的地方，也就是中醫把脈測量脈搏的地方，所以「寸」字有手的意思；而「付」字特別把人身上的手部位指出來，就表示這個字跟手的關係很密切，而手也常常會有取物或把物品拿給別人的動作。

- 付款、付清、託付、付之一炬、付諸流水

兵器的總稱；戰爭

- 「丈」在這裏是「杖」的省略，人拿着木杖，當然就是要打人啦！這個字後來又引申為所有兵器的總稱，而最常使用兵器的場合，當然是戰爭時，所以「仗」字又有了戰爭的意思。

- 打仗、勝仗、對仗、仗勢欺人、仗義執言

在一起工作或生活的同伴

- 古代的兵制以十個人為一組共同生火煮飯，所以就有「火伴」的稱呼，後來在「火」旁邊加上「人」，指明這是人與人之間的關係。

- 伙計、伙食、伙伴、傢伙、大伙兒

攻打

- 「戈」是兵器的一種。人拿着兵器就是要向對方進擊攻打。

- 伐木、步伐、討伐、撻伐、口誅筆伐

彎身趴着

- 狗常常彎身趴着幫人看守門戶，所以就照着狗這種常見的姿勢來造這個字，即特別指出「彎身趴着」的這種姿勢。

- 埋伏、起伏、潛伏、老驥伏櫪

歇息

- 人靠在樹木旁邊，就是要休息啦！

- 休息、休養、退休、不眠不休、善罷甘休

xiū
休
亻 + 木

量詞；把整體的東西分成幾個小單位

- 以人來將整體的東西分成許多的小單位，每個單位便稱為「一份」。

- 一份、月份、年份、成份、股份

fèn
份
亻 + 分

職責

- 「壬」是「工」字中間加上一橫，所以有擔負的意思，加上「人」偏旁便表示這個責任是由人所擔負的。

- 任用、主任、出任、擔任、走馬上任

rèn
任
亻 + 壬

抬頭向上

- 此字從小篆來看很有趣，是由兩個人所組成的，其中一個人的手壓在另一人身上，所以被壓的那個人身體就彎下去，而壓人的那個人，就可以墊高腳、抬頭來看想看的東西。

- 仰慕、信仰、景仰、瞻仰、人仰馬翻

yǎng
仰
亻 + 卬

人

qǐ

企

人 + 止

提起腳跟;盼望

● 「止」在甲骨文中畫的是一隻腳的腳趾,加上「人」偏旁強調這是人的腳趾頭。人在踮腳尖時,往往會把力量集中在腳趾上,既然要踮起腳尖,一定是為了想看什麼,因此也有盼望的意思。

● 企求、企盼、企圖、企鵝、企望

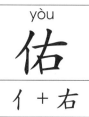

yòu

佑

亻 + 右

保護、扶助

● 因為古人以右邊為尊位,所以也表示這個站在右邊的人,勢力或能力是比較強的,能保護或扶助較弱勢的人。其實,就「右」字來說,是由「手」和「口」組成的,有以手助口的意思,在本義上就已經有協助的意思了。

● 保佑、眷佑、庇佑

wèi

位

亻 + 立

所在的地方、所居的職分

● 人站立在自己應當站立的位置上,便是「位」。古代的君臣在朝廷相聚時,每個都有符合自己的職位所應當站立的位置,不可錯亂逾越身分。

● 位置、穴位、單位、職位、攤位

低
dī
亻 + 氐

不高

- 「氐」是指草木垂到地面的根，再加上「人」偏旁就表示這個人俯身觸及地面，不僅身體必須彎下，連姿勢都是不高的。

- 低下、低廉、低頭、高低、低聲下氣

住
zhù
亻 + 主

居處；停止

- 「主」是有燈座的火炷。有人又有燈座火炷的地方，當然就是一個可以居住或停留歇息的地方。

- 住宅、住宿、住戶、居住、記住

估
gū
亻 + 古

推算

- 「古」字是指過去的久遠時間。估價時，除了由專人負責之外，也須參酌過去的經驗來推算物品的價值。

- 估計、估算、高估、評估、預估

佐
zuǒ
亻 + 左

輔助、幫助

- 古人以右邊為尊位，所以站在君王或主人左邊的人，通常會具有輔助、幫忙的任務。

- 佐理、佐料、佐證、巡佐、輔佐

偵察、窺探

- 「司」是替君王在外面治理政事的人，所以常常要觀察、推測君王的意向。

- 伺候、窺伺、伺機而動

同在一起的人

- 這個字很有意思，在人的旁邊加上一個「半」字，除了表示兩人可以互相依靠之外，又表示單獨一個人時，就像木片被分成兩半，要合在一起才是完整的。

- 伴侶、伴奏、同伴、結伴、呼朋引伴

向別人租借土地耕種，或替地主耕種的人

- 這個字表示一個人依靠耕種田地過活。身為佃農，為了要獲取更多的收成，便要花更多的時間在田裏耕種。

- 佃農、佃租、佃戶

從事某項活動

- 「乍」在甲骨文中畫的就像一個人坐着、手上拿着工具正在工作的樣子，再加上「人」偏旁更強調這個人正在從事某項活動或工作。

- 作文、作家、代表作、天作之合、惺惺作態

靠

● 衣服的功用是保護身體，讓身體不至於受寒或傷害；而人得到依靠時，也像身體獲得衣服的保護一樣。

● 依照、依靠、依舊、依依不捨、無依無靠

美好的

● 「圭」是一種美玉，再加上「人」偏旁就表示這個人是很美好的。

● 佳音、佳節、佳偶天成、唱作俱佳、漸入佳境

令；差遣

● 這個字是由「人」和「吏」組成的，官吏是受到上級長官的差遣、並可差遣別人做事的人，所以「使」字便有差遣、利用的意思。

● 迫使、大使、即使、假使、頤指氣使

給

● 「共」的本義是用雙手捧着東西，加上「人」偏旁便表示這東西是要給人的，所以有供給的意思。

● 供應、提供、供給、供應、供不應求

例
lì
亻 + 列

可供比照的標準

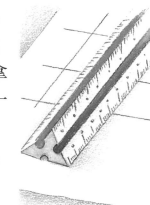

- 「列」有行次、行列的意思，事物必須有次序，才能作比較；而「例」則是把相近的事物拿來比較、參考，然後訂定出一個標準。

- 比例、例子、例如、下不為例、史無前例

佩
pèi
亻 + 凧

掛在身上

- 「凧」是「凡」和「巾」組成的，表示這是一種很平常的布巾。古人在身上繫布巾來作裝飾，也是很平常普遍的。

- 佩服、欽佩、敬佩、感佩、讚佩

信
xìn
亻 + 言

誠實

- 「言」是言語。人講出來的話必須誠實，不欺騙自己的良心、也不欺騙他人。

- 信封、相信、半信半疑、背信忘義、難以置信

侵
qīn
亻 + 㞢

接近；進犯

- 「㞢」是人的手上拿着一把掃帚在掃地。掃地時要步步前進，把髒污的地方打掃乾淨，所以對目標物也有逐步接近、進犯的意味。

- 侵入、侵犯、侵略、侵襲、大舉入侵

biàn
便
亻 + 更

順利；適宜

- 「更」有更改、改變之意。當人遇到不方便的狀況時，會想改變它，讓它變得方便、順利。

- 便利、方便、順便、簡便、客隨主便

xiá
俠
亻 + 夾

仗義勇為、幫助弱小的人

- 「夾」是中間一個大（也是「人」的意思）、左右兩邊各有一人，所以有輔助他人的意思；而俠通常會主動輔助、幫忙需要幫助的人。

- 俠義、俠客、俠士、大俠、武俠

bǎo
保
亻 + 呆

守護、守衛

- 「呆」在甲骨文中畫的是被包裹起來的嬰兒，加上「人」偏旁，表示這個嬰兒需要大人的守護和照顧。

- 保障、保存、保護、環保、自身難保

jùn
俊
亻 + 夋

相貌秀美、才智過人的人

- 「夋」是指行動敏捷的樣子。才能超羣的人，他的言行也會敏捷異於常人。

- 才俊、俊美、俊傑、俊俏、忍俊不禁

cù
促
亻 + 足

自動與人接近；推動或催別人做事

- 「足」是腳，有走路、步行的意思，強調人的腳，便有往前走、靠近目標物的意味。
- 促進、促成、急促、催促、促膝長談

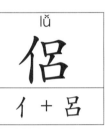

lǚ
侶
亻 + 呂

同伴

- 「呂」是兩兩緊密相連的脊椎骨，表示關係非常密切，旁邊加上「人」，就表示與這個人的關係是很密切的。
- 伴侶、情侶、僧侶

sú
俗
亻 + 谷

一個地區的人所表現出來的習慣

- 人類最早穴居在山谷中，所以會有一些共同的習慣、風俗，加上「人」偏旁表示這風俗是由人的習慣所累積下來的。
- 俗語、風俗、入境隨俗、不落俗套、驚世駭俗

wǔ
侮
亻 + 每

態度傲慢不莊重；欺負

- 「每」的「母」字上頭是一個「屮」（草）的形狀，本義是指草向上茂盛的生長；假如人的氣焰像草沒有節制地茂盛生長，那麼態度就會傲慢，也容易欺負別人。
- 外侮、自侮、侮辱、欺侮、侮蔑

xì
係
亻 + 系

關聯

- 「系」字在甲骨文中畫的是一隻手拿着一束繫在一起的絲線，所以有聯繫的意思；加上「人」偏旁表示與這人的關係就像彼此聯繫在一起的絲線一樣，也是有所關聯的。

- 關係

fǔ
俯
亻 + 府

低頭、向下

- 「府」是百官辦公或居住的地方，下屬或百姓對這些官員通常要低頭表示敬意。

- 俯瞰、俯仰、俯拾皆是、俯首稱臣、俯首無愧

juàn
倦
亻 + 卷

身體疲勞

- 「卷」有彎曲之意。人在疲勞時，身體就會想彎曲略作休息。

- 倦怠、疲倦、困倦、誨人不倦、倦鳥知返

dǎo
倒
亻 + 到

跌跤

- 「到」有至的意思，在這裏是指直達地面。人原本是站着的，假如與地面有了接觸，便是跌了一跤。

- 打倒、潦倒、壓倒、東倒西歪、排山倒海

zhēn
偵
亻 + 貞

暗中察看、打聽

- 「貞」是由「卜」和「貝」組成的,有卜卦吉凶的意思,加上「人」偏旁便是由人去窺探觀察事物的現況或未來的動向。

- 偵破、偵查、偵探、偵訊、偵測

tíng
停
亻 + 亭

止;不動

- 「亭」是給人暫作休息的處所,人到了亭子,當然就想停下來休息啦!

- 停止、停泊、不停、停車場、馬不停蹄

piān
偏
亻 + 扁

不正

- 「扁」是由「戶」和「冊」組成的,在古代是指標示門戶等第的木牌子,這種木牌通常掛在門的一側,而不是掛在正中間的,所以就有「不正」的意思,加上「人」偏旁,便表示人的所作所為不公正。

- 偏見、偏食、偏差、偏僻、不偏不倚

wěi
偉
亻 + 韋

超出平常的

- 「韋」看起來像兩個左右相反的東西連在一起,有違背的意思;而特立獨行的人,行為也與一般人不同,有違背常態的意味。

- 偉大、偉人、偉業、宏偉、豐功偉業

wěi

偽

亻 + 為

假的、不真實

- 「為」的本義是母猴。猴子外貌像人而非人，就好像偽造出來的東西，像真品而非真品。

- 偽善、偽造、偽裝、虛偽、真偽

cè

側

亻 + 則

旁邊

- 「則」有準的意思。以人所站立的位置當基準，並列在人近身之處的，即是側邊。

- 側面、側重、側身、引人側目、旁敲側擊

tōu

偷

亻 + 俞

竊取財物

- 「俞」是一種中空的木頭，可以當作小船運送人或貨物；而竊取別人的財物，就像把別人的財物運送到自己家一樣。

- 小偷、偷渡、偷竊、偷天換日、偷工減料

jiàn

健

亻 + 建

強壯

- 「建」字有創立、興造的意思。有能力創立、興造事物的人，體魄必然是強壯的。

- 健全、健身、健康、保健、健步如飛

預防、事先安排好

- 「葡」在甲骨文中畫的是一個盛裝箭的桶子。箭是一種武器，可以傷人，也可以用來保護自己，所以必須把箭先存放在桶子裏，以備不時之需。

- 備份、預備、備受矚目、趁人不備

才能超羣的人

- 「桀」是一種特別挺拔堅實的樹木；而才能超羣的人，就像挺拔堅實的樹木一樣，是超過其他一般平凡人的。

- 傑出、傑作、豪傑、女中豪傑、地靈人傑

受僱做事的人

- 「庸」有「用」的意思。僱用人來做事，當然希望這個人是可用的。

- 傭人、女傭、僱傭、幫傭

愚笨、不聰明的

- 「夐」在古代是指馬的頭蓋骨。馬是牲畜，智慧不高，所以若是人的智慧像馬一樣，就是指此人是不聰明的。

- 傻瓜、傻子、傻勁、傻事、裝瘋賣傻

ào
傲
亻 + 敖

自大、看不起人

- 「敖」是由「出」和「放」組成的，有肆無忌憚的意思。人在做人處世時，若是肆無忌憚、不把別人看在眼中，就是個驕傲的人。

- 傲慢、驕傲、傲視羣雄、心高氣傲、恃才傲物

cuī
催
亻 + 崔

叫人動作快些

- 「崔」是又高又大的山；而催促人動作快些的時候，通常會給被催促的人壓迫感，就像被高大的山壓迫在面前一樣。

- 催化、催生、催促、催眠、催討

shāng
傷
亻 + 昜

身體或東西受到損壞

- 「昜」有顯著的意思，人的身體受到創傷，就很容易顯露在外面被人看見。

- 受傷、傷害、傷痛、遍體鱗傷、勞民傷財

zhài
債
亻 + 責

欠人家的財物

- 「責」有責任的意思。欠人財物則有責任督促自己要趕快還債。

- 借債、負債、討債、債務、債台高築

gù
僱
亻＋雇

出錢請人做事

● 「雇」是一種候鳥，來去都有一定的時間；而僱用人來做事，也必須互相約定僱用的時間。

● 僱主、僱傭、僱用、解僱

xiàng
像
亻＋象

照着人物製成的形象；相似

● 古人很少有機會看到真的大象，所以大多拿着象的圖畫來想像大象的樣子，因此推想的樣子跟實際的大象比較起來，也只是樣貌相似而已。

● 人像、肖像、好像、想像、圖像

yí
儀
亻＋義

法則、標準；容貌、舉止

● 「義」是指合法度的事，人要裁判事物是否合於法度，必須先有一定的準則作為衡量之用。

● 司儀、儀容、禮儀、渾天儀、儀態萬千

jià
價
亻＋賈

貨物所值的錢

● 古代稱買和賣都是用「賈」字。人在買賣時，一定會討價還價、估算貨物所值的錢究竟是多或少。

● 代價、評價、價值、討價還價、價值連城

jiǎn
儉
亻 + 僉

節省、不浪費

● 「僉」字有全部的意思，加上「人」偏旁，表示人下定決心節約，便要從各方面着手。

● 節儉、勤儉、儉樸、克勤克儉、自奉什儉

倉頡大仙講古

【佾（音日）】每年祭孔之時，你一定常看到「八佾舞」的表演。究竟「八佾舞」是什麼呢？其實，「佾」是古代一種呈正方形排列的樂舞，通常分為六佾和八佾兩種。六佾舞是每行每列各有六個人，所以總共有三十六個人，六佾舞是用來祭拜諸侯和宰相時跳的樂舞，只有文舞一種；而八佾舞則是每行每列各有八個人，所以總共有六十四個人，八佾舞是用來祭拜皇帝時跳的樂舞，分為文舞、武舞和文武合一舞三種。

QQ小站

看完上面對於「佾舞」的介紹，你會不會覺得很奇怪，孔子又沒當過皇帝，為什麼祭拜他時要跳「八佾舞」呢？動動腦想一想！

大 的 家 族

「大」是人正面站立着、張開兩手兩腳的樣子，跟人或大小有關的字，大多有一個「大」偏旁。

tiān
天
一 + 大

地球周圍的太空

● 「一」是數字中的第一位，古人認為天是至高無上的，所以就在表示人身體的「大」字上頭加了「一」，用來表示天是獨一無二、最重要的。

● 天文、天空、天馬行空、得天獨厚、渾然天成

fū
夫
大 + 一

成年的男子

● 這個字和「天」在構造上很像，但是「一」所代表的意思卻完全不同。在「夫」字上頭的「一」，指的是髮簪，因為古代男子到了二十歲會舉行一個成年禮，那時就要把頭髮束起來、插上髮簪戴帽子，跟青少年時期作一個告別了。

● 夫妻、夫婦、功夫、凡夫俗子、萬夫莫敵

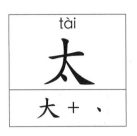

極、很

- 小篆的「太」字是在「大」的裏面畫上兩短橫，有「再」的意思，但是因為「大」字無法完全、完整地表達出很大的意思，所以就造了「太」字來強調更大、極大的意思。

- 太平、太空、太陽、逼人太甚、粉飾太平

屈曲不直；短命早死

- 在表示人體的「大」字上面加一撇，便是強調那人的頭是歪掉不正的。後來引申形容無法順利成長的早逝生命為「夭折」。

- 夭折、夭壽、逃之夭夭

中心、當中的

- 這個字很有趣，畫的就像一個人肩上扛着一根扁擔，扁擔的兩邊各擔着貨物，而人張開兩肩將扁擔扛在正中央，隨時保持扁擔的平衡。

- 中央、央告、央請、央求、震央

說大話；奢侈

- 「ㄎㄨ」是指氣吐出抒發的樣子。當人說大話或是志得意滿時，說出來的話都會特別的大聲、口氣也會特別狂妄一些。

- 夸父

jiā

夾

人＋大＋人

把東西從左右兩面挾持

- 這個字一看就很清楚知道是一個人當中站着張開兩臂，左右兩邊各有一個人把他挾持住。

- 夾子、夾攻、夾層、夾雜、夾擊

qí

奇

大＋可

怪異、不尋常

- 「可」字有肯定、贊同的意思，在甲骨文中畫的就像一個人口中呼出舒緩的氣息。而東西「大」的話就表示異於平常一般大小，所以是不尋常的，加上「可」偏旁便表示同意這東西是不尋常的說法。

- 好奇、奇妙、奇怪、千奇百怪、出奇制勝

bēn

奔

大＋卉

急跑

- 「卉」這字是由三個「屮」（草）組成的，所以有草叢的意思。當人走在草叢時，為了避免躲在裏面的蟲蛇攻擊，腳步自然就會走快一點。

- 奔波、奔跑、奔忙、東奔西跑、疲於奔命

qì

契

丰＋刀＋大

合約

- 這個字一看就知道是一個人手裏拿着刀，正在竹片上刻記號，記錄約定的內容。

- 契約、契機、默契、房契、地契

tào

套

大 + 镸

罩在物體外面的東西

- 「镸」是「長」的另一種寫法。把一個東西罩在物體外面時，這個物體跟原本的大小作比較，便會有一種「長大了」的錯覺，而「套」字的本義便是「長大」。

- 手套、外套、套裝、配套、不落俗套

shē

奢

大 + 者

過多的、沒有節制的

- 「者」有這的意思，用來跟其他東西作分別，在「者」上面加「大」，便是強調這個東西比其他東西要大得多。

- 奢求、奢華、奢侈、奢靡、驕奢淫逸

diàn

奠

酉 + 大

用祭品向死者致祭

- 這個字從甲骨文來看會比較容易了解，「奠」字畫的就像是把酒樽放在几台上，恭敬地祭祀祖先，所以「大」在這裏便是表示几台。

- 奠定、奠立、奠基、奠儀

duó

奪

大 + 隹 + 寸

強取

- 「寸」是手腕。用手抓一隻鳥（隹），這隻鳥一定會大力地拍翅掙脫，這時抓鳥的人手腕力道就要更大才能抓住，引申有「強取」的意思。

- 剝奪、掠奪、巧奪天工、強詞奪理、喧賓奪主

fèn

奮
大+隹+田

鳥振動翅膀；努力

- 田裏有稻穀，因此大羣鳥兒就會努力振翅飛到田裏覓食。

- 奮發、奮鬥、自告奮勇、奮筆疾書、奮不顧身

Q Q 小站

你有沒有聽過「夸父追日」的故事呢？你覺得「夸父追日」的這種精神可取嗎？為什麼？

大

30

尸 的 家 族

「尸」是「屍」的古字，在甲骨文中畫的是一個人死去後側面躺着的樣子，跟人體有關的字，大多有一個「尸」偏旁。

chǐ
尺
尸 ＋ 乀

計算長度的單位

● 「尺」和「寸」都是計算長度的單位，不同的是，「寸」是從手掌底端到手腕的距離，而「尺」則是到手肘的距離，所以一尺大約有十寸的長度。為了要區分兩者的差異，所以「尺」的造字就往右一捺，而「寸」字是往左一點。

● 尺寸、直尺、垂涎三尺、百尺竿頭、近在咫尺

ní
尼
尸 ＋ 匕

通「昵」字，親昵；削髮出家的女僧

● 「匕」在甲骨文畫的是人的側面形體，加上也是代表人形的「尸」字，便成了兩個側面躺着、頭腳相靠的人，樣子看起來非常親近，所以「尼」字的本義就是「近」。

● 尼龍、印尼、僧尼、尼古丁、尼泊爾

pì
屁
尸 ＋ 比

由肛門排出的臭氣

- 「比」是兩個人相連靠着的樣子，放屁時通常會接連着放，並且聲音跟「比」音也很相似，所以便在「尸」下加「比」來表示放屁。

- 屁股、放屁、拍馬屁、狗屁不通

wěi
尾
尸 ＋ 毛

末端

- 「尸」字引申有動物形體的意思，下面加上「毛」字，便是強調生長在形體末端的毛。

- 尾巴、結尾、虎頭蛇尾、徹頭徹尾、畏首畏尾

niào
尿
尸 ＋ 水

小便

- 這個字從甲骨文來看非常有趣，畫的是一個人側面站着尿尿的樣子。而從「尸」加「水」這樣的結構來說，也很容易了解這是從人體內排出的液體

- 尿急、尿牀、尿液、尿尿、糖尿病

通「侷」字，狹小的；辦理公務的政府機關

- 「局」字的「尺」，形體是稍微變形的，下面加上了一個「口」。尺有規矩法度之意，受到規矩法度限制的口，便不能任意想說什麼就說什麼，所以「局」的本義就是促，有受到迫狹的意思。

- 全局、局面、局部、結局、當局者迷

住

- 「古」是由「十」和「口」組成的，十口之家表示人丁旺盛。古人通常是大家庭式的羣居在一起。「古」還有時間悠久的意思，古人不輕易搬家，通常會在一個地方居住很久。

- 定居、居住、移居、居高臨下、離羣索居

彎曲

- 「尸」在這裏是「尾」的省略，是指有翅無尾的尺蠖蛾，而尺蠖蛾在爬行出入的時候，都要屈伸身體才能前進。

- 屈服、屈辱、委屈、首屈一指、不屈不撓

到、至；回、次

- 「凷」是「塊」的古字。人在行走時碰到石塊就會停止下來，所以有到、至的意思。

- 屆時、屆滿、應屆、歷屆、無遠弗屆

糞便

- 人是吃五穀雜糧生存的，而從肛門排放出來的廢物形狀也很像米糊，所以便在「尸」下加「米」來表示糞便。

- 屎尿

遮擋、遮蔽

- 「尸」在這裏是「屋」的省略，而「并」含有合的意思；「屏」是指遮擋屋子的東西，要先有屋子才會有屏障物，屏是無法單獨存在的，所以必須與「屋」合在一起出現。

- 屏幕、屏障、畫屏、屏氣凝神、雀屏中選

死人的身體

- 「尸」是一個人死去後側面躺着的樣子，要強調這個人已經死去，便在下面加上「死」字。

- 屍體、屍骨無存、屍骨未寒、馬革裹屍、碎屍萬段

wū
屋
尸 + 至

房舍

- 「尸」在這裏跟人體無關，而是指房子的外形，下面加上「至」，表示人到了房子裏面，這房子是可以提供人們休息住宿的地方。

- 木屋、房屋、屋簷、愛屋及烏、疊牀架屋

zhǎn
展
尸 + 㐆

張開、舒放

- 「㐆」在小篆中畫的是細絹製成的衣服，通常是后妃晉見君王或接見賓客時的穿着，所以要剪裁合宜、容易舒展。

- 伸展、施展、展覽、一籌莫展、花枝招展

xiè
屑
尸 + 肖

粉末狀的細小東西

- 「肖」字在小篆中的寫法是「𦚰」，與「𠈌」是古今相通的字。「𠈌」是舞動的意思。人在跳舞時，動作會反覆且頻繁地變化着；而那些粉末狀的細小東西，也是既多且頻繁地出現。

- 紙屑、碎屑、瑣屑、鐵屑、不屑一顧

tú

屠

尸 + 者

宰殺牲畜

- 「者」有他者的意思，用來區分不同的人或物；而牲畜是供人使用或宰殺來吃的，種類繁多，要有所分別，以免產生錯誤。

- 屠殺、屠宰、屠夫、屠場、放下屠刀

céng

層

尸 + 曾

重疊、連續不斷

- 「尸」在這裏是「屋」字的省略，而「曾」有重疊的意思，所以兩者相加就是指重疊的屋宇，因此，我們也用「層」來當作計算高樓的單位。

- 高層、基層、雲層、層次、層出不窮

shǔ

屬

尸 + ㄍ + 蜀

相連、連續

- 「蜀」是一種專吃葵花的細長小蟲，「ㄍ」畫的是蟲的尾部，而蟲蟲有一種特性，就是很喜歡一隻接着一隻的尾部前進，所以就有了相連、連續的意思。

- 屬下、屬於、金屬、附屬、歸屬感

ⓆⓆ小站

你知道「大丈夫能屈能伸」這句話的意思嗎？要怎樣才能「屈伸自如」呢？

尸

36

「口」是嘴巴，跟口腔器官、發音、說話、
飲食有關的字，大多有一個「口」偏旁。

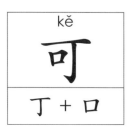

kě

可

丁 ＋ 口

同意

- 「丁」在這裏跟釘子完全無關，而是指人口中的氣平緩呼出的聲音，當人在說「可」字時，聲音便是平和、舒緩的。

- 可口、可能、許可、笑容可掬、岌岌可危

gǔ

古

十 ＋ 口

過去久遠的時代

- 古代印刷不發達，因此事情常常口耳相傳，而經過十個口相傳的事情，一定是已經發生很久了，所以有年代久遠的意思。

- 古代、古人、古色古香、古道熱腸、
震古鑠今

jiào

叫

口 ＋ 丩

呼喊

- 「丩」是「糾」字最早的寫法，有糾結、不中斷的意思，加上「口」偏旁，表示呼喊者的聲音悠長不斷。

- 叫喚、叫囂、叫聲、叫苦連天、拍案叫絕

左的相對

- 「ナ」在古文中畫的是手的形狀，加上「口」偏旁表示以手助口，所以「右」的本義是幫助，跟「佑」字意思相同，後來被借去當作方位名稱。

- 右邊、左顧右盼、左右逢源、左右開弓、左右為難

招來；呼喚

- 「刀」字有鋒利、快速的意思，張口大喊呼喚人，有要人趕緊過來的意味。

- 召開、召見、召集、召募、號召

美好的；順利的

- 「士」是指品學兼優、可以當作模範的人，由士人口中說出的話，當然是美好的言語。

- 吉利、吉祥、吉光片羽、逢凶化吉

使東西或言語從嘴裏出來

- 「土」能生出萬物，因此有出的意思，加上「口」偏旁便表示有東西從嘴裏出來。

- 談吐、傾吐、嘔吐、不吐不快、吞吞吐吐

gè

各

夂 + 口

分別的；每個

● 「夂」是指人的腳想走卻受到阻礙不能走的意思，再加上「口」偏旁便表示言行不一。言語跟行為不能相合，因此有分別的意思。

● 各位、各得其所、各懷鬼胎、各奔東西

xiàng

向

宀 + 口

方位；朝着

● 「口」在這裏是指窗戶，而「宀」是指人們所住的房子。古代的房子大多朝南邊迎接太陽的暖氣；而在房子北邊的牆壁則留有窗戶，以便空氣的流通。所以「向」的本義就是朝着北邊的窗戶，引申有方向、朝着的意思。

● 方向、內向、昏頭轉向、欣欣向榮、所向披靡

chī

吃

口 + 乞

言語結巴

● 「乞」在古文中畫的是雲氣彎曲上升的樣子，因此有彎曲不能伸直的意思，加上「口」偏旁便表示說話不能順暢，也就是口吃了。後來引申出用嘴吞嚼食物的意思。

● 吃飯、百吃不厭、好吃懶做、爭風吃醋、吃裏扒外

稱號

- 「夕」是夕陽。夕陽西下後光線昏暗，景物難以辨識，因此要開口稱呼自己或對方的名字來確認身分。

- 名片、姓名、大名鼎鼎、名副其實、實至名歸

君主；君王的妻子

- 「厂」是指涯邊的高地，加上「一」和「口」，表示此人站在涯邊高地一呼百應；而此人既能號令四方，便是君主，後來「后」字多用來指稱君王的妻子。

- 太后、母后、后妃、稱王稱后、皇天后土

捨不得；肚量狹小

- 「文」字有文飾、掩飾的意思。肚量狹小的人在言語上一定會掩飾，因而說出與真實情況不符合的話。

- 吝惜、吝嗇、不吝指教

嚥

- 「天」有上的意思。人在吞嚥食物的時候，往往是嘴巴朝上、伸直脖子，以方便吞嚥。

- 吞併、吞吐、吞食、忍氣吞聲、蠶食鯨吞

不

- 這個字非常有趣，張口說不，就是否定、不同意。

- 否定、否決、否則、是否、不置可否

把液體或氣體經由口鼻引入體內

- 「及」是從後面往前追趕，因此有迫近的意思。而將氣體引入鼻內，也有以後氣追迫前氣的意味。

- 吸引、吸收、呼吸、吸食、敲骨吸髓

說；宣布

- 牛不能講話，所以用角觸動人的身體，有以角代替言語的意味，所以「告」就有說的意思。

- 告別、報告、勸告、告老還鄉、自告奮勇

合攏嘴唇用力出氣

- 「欠」是氣體從人身上飄出的樣子，加上「口」偏旁表示這氣體是由人的嘴裏出去的。

- 吹拂、鼓吹、自吹自擂、吹毛求疵、風吹草動

jūn

君

尹 + 口

一國之主；對人的尊稱

● 「尹」有治理的意思，加上「口」偏旁表示居高位者以口發號施令、治理國家。

● 君子、國君、郎君、請君入甕、仁人君子

hán

含

今 + 口

把食物留在嘴裏，不吞也不吐

● 「今」字有現在、此刻的意思，加上「口」偏旁表示此刻嘴中有食物，既不吞嚥也不吐出來。

● 包含、含意、含苞待放、含血噴人、含辛茹苦

yǎo

咬

口 + 交

用牙齒切斷或夾住物體

● 「交」有相交合的意思；而咬東西的時候，必須上下排牙齒互相交合。

● 咬定、咬緊、一口咬定、咬緊牙關、咬牙切齒

pǐn

品

口 + 口 + 口

種類；等級

● 「口」在這裏畫的是東西的形狀，跟嘴巴無關，而重複三個相同的符號便有多的意思；因此「品」便表示有眾多不同種類、等級的東西擺在一起。

● 品味、品行、品格、評頭品足、品學兼優

<table>
<tr><td>

zhé

哲

折 ＋ 口
</td><td>

賢能、有智慧的人

- 「折」有折服的意思，再加上「口」偏旁指能以言語折服人，也就是有智慧的人。

- 哲學、哲理、聖哲、賢哲、明哲保身
</td></tr>
</table>

<table>
<tr><td>

chàng

唱

口 ＋ 昌
</td><td>

由口裏發出歌聲

- 「昌」字有大的意思，而唱歌必須張口大聲地發出聲音。

- 唱歌、唱片、吟唱、夫唱婦隨、唱作俱佳
</td></tr>
</table>

口

43

<table>
<tr><td>

xǐ

喜

壴 ＋ 口
</td><td>

快樂、高興

- 「壴」是「鼓」字的最早寫法，打鼓發出音樂，再張嘴配合着音樂歌唱，心情便會很愉悅。

- 喜愛、喜劇、驚喜、沾沾自喜、喜形於色
</td></tr>
</table>

<table>
<tr><td>

chuǎn

喘

口 ＋ 耑
</td><td>

呼吸急促

- 「耑」是草木向上生長的樣子。人在喘氣的時候，氣體不斷地由口中吐出，就像草木不停地往上生長一樣。

- 喘氣、喘息、苟延殘喘、氣喘如牛、氣喘吁吁
</td></tr>
</table>

大聲呼叫

- 「咸」有都、全力的意思，加上「口」偏旁，表示喊叫時要使出全力。
- 叫喊、吶喊、喊話、喊冤、搖旗吶喊

知曉、了解

- 「俞」是一種天然形成的木船，而船是溝通兩岸的工具，加上「口」偏旁表示用言語使人了解，例如：比喻。
- 比喻、暗喻、隱喻、不可理喻、家喻戶曉

口水；吐口水

- 「垂」字有從上往下的意思；而口水在口中也是從上往下流的。
- 唾棄、唾液、唾罵、唾手可得

位在頸子中部的發音器官

- 「侯」在這裏是「射侯」，指箭靶的中央，因此有居中、重要的意思；而「喉」上承咽頭、下接氣管，處於發音器官的中部重要位置。
- 咽喉、喉嚨、歌喉、為民喉舌、如鯁在喉

特別愛好

- 「耆」是指耆老、年紀大的人。而口腹之慾是人類共通的慾望，年紀大的人對於飲食的愛好更是偏執。

- 嗜好、嗜酒、嗜之如命

氣管受到刺激，急急吐氣發出聲音

- 「敕」有急促的意思。氣管受到刺激時，喉嚨中的氣必定急着吐出才會快活。

- 咳嗽

吐

- 「區」的本義是把很多物品藏起來，這裏取藏的意思，加上「口」偏旁，表示將原先藏在口中的食物吐出來。

- 作嘔、嘔氣、嘔吐、嘔血、嘔心瀝血

用言語取笑

- 「朝」有向着某處的意思。取笑別人一定要有可供取笑的人和事，因此含有向着某處的意味。

- 嘲笑、嘲諷、嘲弄、解嘲、冷嘲熱諷

pēn

噴

口 ＋ 賁

湧出

- 「賁」有大的意思。當液體或氣體受到過大的壓力時，便會尋找裂口湧出，這種動作就是「噴」。

- 噴水、噴射、噴泉、噴嚏、血口噴人

zuǐ

嘴

口 ＋ 觜

口

- 「觜」字是由「此」和「角」組成的，本義是指鳥嘴。因為鳥嘴是很堅硬的，就像動物的角一樣，加上「口」偏旁更有強調嘴巴的意味。

- 嘴巴、嘴唇、閉嘴、七嘴八舌、鐵嘴直斷

jìn

噤

口 ＋ 禁

閉嘴

- 「禁」含有禁止的意思，加上「口」偏旁便表示禁止張口，就是閉嘴的意思。

- 噤口、寒噤、噤若寒蟬

喧鬧

- 「喿」是由「品」和「木」組合成的。「品」是指鳥羣的口，因此「喿」便是指很多鳥齊聚在樹上，加上「口」偏旁則是強調這些鳥一起張開嘴鳴叫，聲音非常喧鬧。

- 鼓噪、聒噪、噪音、名噪一時、聲名大噪

用具的總稱

- 「口」在這裏畫的是東西的形狀，而犬（狗）是擅長看守物品的動物，因此用狗來看守這些物品，而被看守的物品就是「器」。

- 器量、容器、瓷器、大器晚成、投鼠忌器

歸向；引導

- 「鄉」是人心所思念及想要歸去的地方，因此「嚮」便是朝着心中所想的地方前進。

- 嚮往、嚮導

緊急；認真；厲害的

- 「厰」的本義是山勢險峻，引申有不可侵犯的意思，兩個「口」相加則有大聲疾呼、告誡的意思，因此「嚴」便有緊急、厲害的意思。

- 嚴格、嚴肅、嚴厲、嚴陣以待、義正詞嚴

jiáo
嚼
口 + 爵

用牙齒咬爛食物

- 「爵」是盛酒的器皿，加上「口」偏旁表示將食物放在嘴中，就像把酒放在爵中一樣，而食物在嘴中就是要將它咬爛吞嚥下去。

- 嚼舌、咀嚼、細嚼慢嚥、咬文嚼字

ＱＱ小站

你知道向日葵的花為什麼老是朝着太陽的方向張望嗎？它是不是被巫婆下了咒語才會這樣呢？

心 的 家 族

「心」是心臟。跟思想、感情、反應有關的字，大多有一個「心」偏旁，當作部首時寫成「忄」、「小」。

máng

忙

忄 + 亡

急迫；工作繁多沒有空閒

- 這個字跟「忘」字一樣都是由「心」和「亡」組成的，但是「忙」的心是豎起來站在一旁的，表示心裏感到緊張、神智難定，言行便會很匆促，容易給人若有所失的感覺。

- 忙碌、急忙、幫忙、不慌不忙、手忙腳亂

wàng

忘

亡 + 心

不記得

- 古人認為心也能思考和記憶，所以亡失了心就是不記得了。

- 忘記、難忘、沒齒難忘、背信忘義、過目不忘

jì

忌

己 + 心

憎惡

- 凡事都以自己為中心，看不得別人比自己好，這樣就容易產生嫉妒、憎惡別人的情緒。

- 忌諱、顧忌、百無禁忌、投鼠忌器、肆無忌憚

zhì 志 士 + 心

心意、願望

● 「士」是有才德的人，加上「心」偏旁表示有才德的人心願的趨向。

● 立志、志願、鬥志、志同道合、玩物喪志

tǎn 忐 上 + 心

心神不定

● 這個字要跟「忑」合起來看才比較容易了解，「忐忑」就是心裏七上八下的，所以就有心神不定的意思。

● 忐忑、忐忑不安

rěn 忍 刃 + 心

勉強承受、容讓

● 「刃」是刀刃，是刀子最為鋒利的地方。「忍」就像把鋒利的刀刃插入自己的心窩，再痛苦也要咬牙承受。

● 忍耐、忍受、容忍、殘忍、忍氣吞聲

kuài 快 忄 + 夬

喜悅；迅速

● 「夬」字的本義是手拿着已射出箭的弓，而箭射出後的行進速度非常快，加上「心」偏旁表示熱情奔放、心情愉悅。

● 加快、飛快、快樂、不吐不快、大快人心

zhōng

忠

中 + 心

竭盡心力去做事、赤誠無私

● 「中」有正中、不偏不倚的意思，加上「心」偏旁表示以正直不偏倚的心來待人處世。

● 忠心、忠告、忠孝、忠肝義膽、忠言逆耳

hū

忽

勿 + 心

不留心、不關心

● 「勿」的古文畫的就像一根旗竿上有着三條隨風飄揚的旗子，這裏取用飄揚難停止的意思，加上「心」偏旁便表示漫不經心、不留心。

● 忽然、忽視、忽略、飄忽、怠忽職守

niàn

念

今 + 心

惦記、懷想

● 「今」字有現在、此刻之意，加上「心」偏旁表示時時刻刻放在心上。

● 念頭、理念、一念之差、念茲在茲、萬念俱灰

fèn

忿

分 + 心

怒

● 「分」字有別的意思，凡是事物過分地加以分別，便會枝節橫生，不勝其煩。

● 忿怒、忿恨、忿忿不平

膽小害怕

- 「去」有逃避之意，加上「心」偏旁表示心生逃避的想法，也就是膽小、害怕面對現實。

- 怯弱、情怯、畏怯、羞怯、膽怯

畏懼

- 「白」在這裏是「迫」的省略，有逼迫、脅迫的意思。當心受到脅迫時，便容易產生恐懼的情緒。

- 可怕、害怕、恐怕、欺善怕惡、貪生怕死

奇異；責備

- 「圣」是由「又」（手）和「土」組合成的，就是用手拿土，指在土地上播種或建造房子，加上「心」偏旁表示做這些工作時特別需要運用心思，以求改良，而不知情的外人見了他們專注思考的神態，便容易產生奇異的感覺。

- 古怪、怪物、怪獸、大驚小怪、光怪陸離

人或事物本身所具有的本質

- 「生」字有出生、生長的意思，加上「心」偏旁表示人或事物具有的本質是天生的。

- 人性、性別、耐性、本性難移、怡情養性

懼怕

- 「朮」是一種野生的苦草，可以當作藥物使用，因為味道很苦，所以人們都很懼怕服用這味苦藥，這裏取用懼怕的意思，加上「心」偏旁表示這種懼怕感是由心所發出的。

- 怵然、怵目驚心

愉快

- 「台」字的本義就是笑口常開，加上「心」偏旁表示這愉悅的感覺是從心底發出來的。

- 怡然、心曠神怡、怡然自得、怡情養性

想；惦念

- 「田」在這裏是「囟」的省略，指的是頭蓋骨，跟田地毫無關係。而頭是人類思考、記憶的器官，加上「心」偏旁則表示用心思考、惦念的意思。

- 思念、思考、百思不解、顧名思義、飲水思源

生氣

- 「奴」是指奴隸或奴婢，這些人每天都要操持許多雜務，也容易受到責罵或鞭打，因此心中常懷着怨恨，心情自然也不好了。

- 怒氣、動怒、滿腔怒火、怒髮衝冠、惱羞成怒

懶散

- 這個字和「怡」一樣，都是由「心」和「台」組成的，但是意思卻不同。「怡」是指喜悅；「怠」則是指好逸惡勞是人所共同喜悅的，所以取用好逸惡勞、懶散為「怠」字所表示的意思。

- 怠惰、怠慢、倦怠、懈怠、怠忽職守

仇恨；責怪

- 「夗」有曲屈不得伸直的意思，加上「心」偏旁表示心意難伸、懷有不滿。

- 抱怨、埋怨、恩怨、天怒人怨、怨天尤人

怨憤

- 「艮」最早寫法是由「目」和「匕」組成的，因此有拿着匕首怒目相視、彼此不合的意思，加上「心」偏旁則表示心中充滿怨憤、不能容人。

- 悔恨、洩恨、相見恨晚、恨之入骨、深仇大恨

廣大；回復原狀

- 「灰」是指草木燃燒後的餘燼，很容易隨風飄揚、擴散到四處，這裏取用擴散的意思，加上「心」偏旁表心胸寬大。

- 恢復、恢宏、天網恢恢

shì

恃

忄 + 寺

依賴、依靠

- 「寺」是古代官員辦公、民眾申訴冤屈的地方，因此對官員或民眾來說，都是可以提供心中倚仗的地方。

- 憑恃、恃才傲物、恃寵而驕、有恃無恐、恃強凌弱

huǎng

恍

忄 + 光

忽然明白的樣子；神智不清的樣子

- 「光」有光明的意思，心中突然出現光明，也就是領悟了解了。古代使用燭火，燭火容易因風吹而搖動，這裏取搖動不定的意思，加上「心」偏旁表示心神不定。

- 恍惚、恍若、恍然大悟

qià

恰

忄 + 合

適當

- 這個字很有趣，合了心意，當然就是最適當的。

- 恰當、恰巧、恰好、恰到好處、恰如其分

shù

恕

如 + 心

原諒

- 「恕」的本義是推己及人，「如」有如同的意思，再加上「心」偏旁表示對待別人也就如同對待自己一樣，要為別人設身處地去想。

- 恕罪、仁恕、饒恕、寬恕、忠恕

zì

恣

次 + 心

任性而放肆

- 「次」有次等、較劣等的意思;而不管他人、隨心所欲的行為,是古人最看不起的,這也是比較差的品行。。

- 恣意、驕恣

kǒng

恐

巩 + 心

畏懼

- 「巩」發音為「拱」,有擁抱的意思。當人害怕時,特別需要一旁有人可以擁抱、提供勇氣。

- 恐懼、恐龍、驚恐、爭先恐後、有恃無恐

gōng

恭

共 + 小

敬

- 「共」有一起、多人共同做一件事的意思,而多人相處時為了避免衝突,便需要自我約束、彼此互敬。

- 恭喜、恭迎、恭敬、前倨後恭、兄友弟恭

ēn

恩

因 + 心

自己給別人或別人給自己的德惠

- 「因」字有因緣、親愛的意思,加上「心」偏旁表示以親愛的心去待人,則情誼必然會深厚,德惠也容易施加給人。

- 恩惠、報恩、恩斷義絕、恩威並用、忘恩負義

鼻子呼吸的氣

- 「自」在古文中畫的是鼻子的形狀，因為人稱自己時常指着鼻子，所以後來「自」字就多用來指自己了，不過在這裏我們還是要用「鼻子」這個最原始的意思。而古人認為心臟跳動不止是跟呼氣、吸氣有關係，所以由「自」和「心」組成的「息」字，就用來表示鼻子呼吸的氣。

- 休息、鼻息、川流不息、姑息養奸、息事寧人

長久不變

- 「亙」是指時間從這端到那端，因此有時間長久的意思，加上「心」偏旁表示長時間放在心中，也就是長久不變。
- 恆心、恆久、恆星、永恆、持之以恆

詳盡；知道

- 「釆」在古文中畫的是鳥獸指爪分明的樣子，因此有容易辨別明確的意思。而古人認為心能夠思考，所以「悉」就有分辨詳盡的意思。

- 悉心、悉數、知悉、洞悉、得悉

兄弟友愛

- 「弟」有次第的意思，加上「心」偏旁表示將兄弟間的次第放在心上，弟弟必須恭順兄長；兄長也必須友愛弟弟。

- 悌泣、悌淚、悌泗縱橫、破悌為笑、痛哭流悌

快樂

- 「兌」字的本義就是一個人笑開了口，加上「心」偏旁便表示這種快樂的感覺是從心底發出來的。

- 悅耳、欣悅、心悅誠服、兩情相悅、賞心悅目

明白；啟發

- 「吾」是我，加上「心」偏旁表示萬事、萬物必須由我心中徹底了解，才能算是真的明白了。

- 開悟、頓悟、覺悟、恍然大悟、執迷不悟

勇敢；兇暴

- 「旱」是由「日」和「干」組成的，表示強烈的陽光把東西都曬乾了，這裏取用強烈、猛烈的意思，加上「心」偏旁便表示這個人的心意堅強、猛烈，能夠無所畏懼。

- 強悍、剽悍、精悍、兇悍、悍將

yōu

悠

攸 + 心

遠、長久

- 「攸」的本義是指人手持木杖，在水中順着水流的方向行走，因此，有順暢、長遠的意思，加上「心」偏旁表示思慮長遠。

- 悠閒、悠哉、悠揚、悠悠、悠遠

qiāo

悄

忄 + 肖

靜寂；憂愁長久不變

- 「肖」是由「小」和「月」組成的，本義是指有血緣的骨肉之間，形貌雖然相似，但仍有些微差別，這裏取些微、小的意思，加上「心」偏旁便表示心中有憂愁，心臟就會束縮作痛，而束縮便有小的意思。

- 悄悄、悄然、悄悄話、靜悄悄

事後追恨；改正過失

- 「每」的本義是指草不斷地往上生長。當人做錯了事、事後追恨時，心中常會不斷地浮現自責的念頭，就像不斷地往上生長的草一樣。

- 悔過、反悔、後悔、懺悔、悔不當初

災禍

- 「串」字有穿通的意思，加上「心」偏旁表示心被愁思穿通，也就是大難臨頭了。

- 憂患、患病、患難、有備無患、防患未然

衰弱；憂傷

- 「卒」在古代是指服雜役的罪人，常會為了罪刑和服役而感到憂愁，加上「心」偏旁，便是強調憂愁的感覺是起於內心的。

- 憔悴

記憶不清、看不真切

- 「忽」有漫不經心的意思，加上「心」偏旁則強調人的心神飄搖，對於記憶中或看到的人事物都不是很用心，所以會記憶不清、看不真切。

- 恍惚

愛憐；哀痛

- 「昔」字有已往、往昔的意思。而人是最容易對已經逝去的人事物感到哀傷、懷念的。
- 可惜、疼惜、惜墨如金、惺惺相惜、憐香惜玉

迷亂；懷疑

- 「或」有不一定的意思，加上「心」偏旁表示心無主見、定見，而心無主見就容易對事物感到迷亂或懷疑。。
- 不惑、疑惑、困惑、解惑、妖言惑眾

壞；過失

- 「亞」字在古文中畫的是一個人駝背雞胸的樣子，有醜的意思，加上「心」偏旁便表示人們認為有心犯下的過失，是一種不可被原諒的醜行。
- 惡意、險惡、面惡心善、惡名昭彰、惡貫滿盈

恩德

- 「叀」在這裏是「專」的省略，指專心一致，加上「心」偏旁便表示要心意專一，才能產生愛人如愛己的心，也才能施恩德給人。
- 惠顧、優惠、惠而不實

bēi
悲
非 + 心

傷心

- 「非」含有相背的意思。人對於與自己願望相背的情況，往往會感到傷心難過。

- 悲痛、悲傷、悲天憫人、悲歡離合、兔死狐悲

kǎi
慨
忄 + 既

因不得志而憤激

- 「既」的本義是看着吃飯的器皿歎息，引申有不得志的意思，而不得志的人心裏常常悲憤傷痛。

- 慷慨、憤慨、感慨、感慨萬千、慷慨解囊

nǎo
惱
忄 + 齒

生氣

- 這個字用成語「怒髮衝冠」來解釋更容易了解，「惱」字就是指人心裏生氣，氣得頭髮都站起來了。「齒」的「囟」是指頭蓋骨，上面的「巛」當然就是指頭頂上的三根毛髮了，而重複三個相同的形體有表示多的意思，因此那三根毛髮事實上是指很多頭髮。

- 懊惱、惱怒、煩惱、惱羞成怒、自尋煩惱

害怕

- 「皇」是古代的君主。臣子在晉見君王時，心中都是戒慎恐懼的。

- 惶恐、惶惑、人心惶惶、誠惶誠恐、驚慌失措

喜悅

- 「俞」是天然中空的木頭，可當作船使用。無論是盪着船涉水或泛舟戲水，都容易心曠神怡、產生愉悅的感覺。

- 愉快、愉悅、歡愉

憂慮

- 秋天是草木開始凋零的時候，因此容易觸景傷情、產生憂慮及感傷的心情。

- 哀愁、憂愁、多愁善感、愁雲慘霧、坐困愁城

思考；念頭

- 「相」是由「木」和「目」組成的，就是由眼睛來目測木頭，所以有推測的意思，加上「心」偏旁表示用心去推測，也就是心中起了念頭、開始思考。

- 回想、想法、夢想、胡思亂想、想入非非

內心受到觸動

- 「咸」有都、一致的意思。當人心中有感覺的時候，通常是受到彼此一致的同理心而產生共鳴。

- 美感、感人、感情、百感交集、多愁善感

不聰明

- 「禺」的本義是猴子，猴子的外型像人，但是智力則比人差。而古人認為心具有思考能力，因此「愚」字便指反應遲鈍、智能比一般人差的人。

- 愚笨、愚昧、大智若愚、愚不可及、愚公移山

愛

- 「茲」是草木繁盛、茂密生長的樣子，因此有養育得法的意思，而母親護育兒女的心也像天地生長草木一樣，都是給予全心全意的照顧。

- 慈悲、慈祥、慈愛、仁慈、慈眉善目

心志、心裏的想法

- 「音」是聲音，加上「心」偏旁便表示內心的聲音，也就是人的心志趨向。

- 大意、意外、寓意、差強人意、粗心大意

shèn

慎

忄 + 真

小心

● 「真」有誠實無欺的意思，加上「心」偏旁表示秉着誠心做事，也就是要仔細小心地做事。

● 慎防、謹慎、審慎、慎終追遠、謹言慎行

tài

態

能 + 心

形狀、樣子

● 「能」字有才智與才幹的意思。當人內心有某種能力時，往往會從外在的神情舉止展現出。

● 態度、體態、故態復萌、老態龍鍾、惺惺作態

huāng

慌

忄 + 荒

因急迫而忙亂；驚恐

● 「荒」是雜草滿地，因此有雜亂的意思，加上「心」偏旁表示內心被雜念迷惑，就像土地被雜草掩埋一樣。

● 慌忙、慌亂、慌張、恐慌、心慌意亂

kuì

愧

忄 + 鬼

羞慚

● 此字很有趣，心中有鬼，就是為自己所做的錯事感到羞慚、難為情。

● 愧疚、羞愧、問心無愧、當之無愧、愧不敢當

kāng

慷

忄 + 康

意氣激昂；不吝嗇

「康」有飽滿充實的意思，加上「心」偏旁表示內心充滿蓄勢待發的意氣，也就是意氣激昂了。

慷慨、慷慨激昂、慷慨解囊

màn

慢

忄 + 曼

怠惰

「曼」有延長的意思。遇到事情便拖延處理，久了在心態上就會有怠惰的傾向。

且慢、慢跑、慢走、慢條斯理、細嚼慢嚥

cǎn

慘

忄 + 參

狠毒；悲痛

「參」就是俗稱的「白虎星」，由三顆主星並列，因此有合併、多的意思，加上「心」偏旁表示想毒虐他人的人，一定會想很多種方法折磨人，讓受虐者感到百般痛苦。

悽慘、悲慘、慘綠少年、慘絕人寰、慘澹經營

tòng

慟

忄 + 動

過度悲傷

「動」是有所作為的意思，加上「心」偏旁表示心隨着外界的重大變故而動。當人突然遇到重大變故時，情緒一時難以控制，常會過度悲傷。

慟哭、悲慟、哀慟

huì
慧
彗 + 心

聰明

- 「彗」是由「⿰」和「⺕」組成的,「⿰」在古文中畫的是掃帚的樣子,「⺕」是手,所以,「彗」是由手拿着掃帚清除污穢,加上「心」偏旁便表示時時清掃內心的污穢、雜念,心思便會清明、靈敏了。

- 慧心、慧根、慧黠、拾人牙慧、獨具慧眼

guàn
慣
忄 + 貫

積習成自然

- 「貫」的本義是古代串錢貝的繩索,所以有循序串物的意思,加上「心」偏旁表示心懷舊習,不假思索就會循着舊習來處理。

- 習慣、慣例、慣用、嬌生慣養、司空見慣

wèi
慰
尉 + 心

使人安心

- 「尉」是「熨」字最早的寫法,本義是用手拿着裝有熱炭的鐵器熨衣服,所以有熨平的意思。而安慰人、使人安心的狀況,就像拿熨斗熨過衣服一樣,都有平坦舒適的效果。

- 安慰、欣慰、慰問、慰勉、慰留

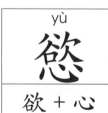

yù
慾
欲 + 心

想得到滿足的願望

- 「欲」有貪慾的意思。凡是貪慾,都是由心產生,希望得到滿足的願望。

- 私慾、縱慾、慾火焚身、利慾熏心、清心寡慾

lián

憐

忄 + 粦

哀憫；愛惜

「粦」字就是「燐」最早的寫法，本義是指戰場上的鬼火。而鬼火是屍骨產生的磷化氫氣體在空氣中氧化而成的，因為常出現在暴露野外的屍骨旁邊，所以便有了「鬼火」的稱呼，加上「心」偏旁則表示當人看到燐火時，便會想到在戰爭或災難中死去的人，因而產生哀憫的心。

可憐、憐惜、同病相憐、顧影自憐、搖尾乞憐

bèi

憊

備 + 心

極度疲倦

「備」有完備、周到之意。而待人處世過分周到完備，心裏便容易感到極度疲倦。

疲憊

qiáo

憔

忄 + 焦

瘦病；困苦；憂慮

「焦」是鳥被火燒得乾枯，加上「心」偏旁表示內心因為憂慮或困苦而枯竭，就像被火燒過的鳥一樣。

憔悴

fèn
憤
忄 + 賁

生氣；怨恨

- 「賁」字是由「卉」（花卉）和「貝」組成，有裝飾華麗的意思，而可以裝飾華麗的人通常也是多金的人，人多金就容易驕縱、盛氣凌人，因此脾氣也容易爆發出來。

- 公憤、激憤、憤怒、憤世嫉俗、發憤圖強

hàn
憾
忄 + 感

悔恨失望、心中感到不滿意

- 「感」是內心受到觸動，加上「心」偏旁便表示這種觸動的感覺一直縈繞在心中。而悔恨、失望、不滿等情緒會比愉悅的情緒更容易縈繞在心中。。

- 遺憾、缺憾、抱憾、憾事

yì
憶
忄 + 意

想念；記住

- 「意」是人的心志趨向，加上「心」偏旁則強調非常專心一致地念念不忘，也就是想念。

- 回憶、追憶、記憶、失憶症、記憶猶新

xiè 懈 忄 + 解

疏忽；怠惰

- 「解」有分散的意思，再加上「心」偏旁表示意志渙散、行為散漫。

- 不懈、懈怠、鬆懈、夙夜匪懈、無懈可擊

dǒng 懂 忄 + 董

明白、知道

- 「董」字含有督正的意思，加上「心」偏旁表示心中對於整體情況已經有正確的了解。

- 懂得、懂事、似懂非懂、懵懵懂懂、淺顯易懂

lǎn 懶 忄 + 賴

不勤勞

- 「賴」有抵賴的意思，當人不想勤勞做事時，心中時常會出現想要抵賴的念頭或藉口。

- 懶惰、懶散、偷懶、慵懶、好吃懶做

huái 懷 忄 + 裏

想念；胸前；隱藏

- 「裏」的本義是竊盜、把偷來的東西藏在衣襟裏，這裏取藏的意思，加上「心」偏旁表示把思念藏在心中不想忘記。

- 懷念、懷疑、關懷、身懷絕技、懷才不遇

xuán

懸

縣 + 心

掛、繫

● 「縣」的本義是把頭倒着用繩索繫住,因此有繫的意思,加上「心」偏旁表示將念頭一直繫掛在心上。

● 懸空、懸賞、口若懸河、懸崖勒馬、懸壺濟世

jù

懼

忄 + 瞿

懼怕

● 「瞿」是指有着兇狠目光的鳥。當人受到兇狠的目光注視時,心中會產生害怕的感覺。

● 懼怕、恐懼、戒懼、驚懼、畏懼

yì

懿

壹+次+心

美好的

● 「心」是指人先天的稟賦;「次」是指後天的自我約束;「壹」有專一不二的意思。因此,「懿」即是發揮先天的秉賦,並加強自我約束,專心致力地完成自己的理想,便是極為美好的。

● 懿行、懿旨、懿德

當我們想一個人的時候,心裏會有特別的感覺,那麼,到底是腦子在想?還是心在想呢?

zhā
扎
扌 + 乚

很勉強的支撐或抵抗

- 「乚」是春天時草木的種子剛發芽、彎曲且勉強突出地面的樣子,加上「手」偏旁表示伸手去協助,使它能長出來。

- 掙扎、扎根、扎實、扎手

dǎ
打
扌 + 丁

敲擊

- 「丁」是「釘」字最早的寫法,而要把釘子釘入物體內,必須以手用力敲擊。

- 打工、打扮、打掃、打退堂鼓、不打自招

bā
扒
扌 + 八

用手剝開

- 「八」有分開、分別之意,加上「手」偏旁表示用手將物體分開。

- 扒手、扒竊、吃裏扒外

把東西放在肩上舉着

- 把「工」轉個九十度來看，像不像一根扁擔的兩邊掛着東西？加上「手」偏旁表示將扁擔放在肩上舉着。

- 扛槍、一肩扛起

用手承舉器物

- 「乇」在古文中畫的是植物的莖承托着葉子，這裏取用承托的意思，加上「手」偏旁表示用手承托着器物。

- 托鉢、襯托、烏托邦、烘雲托月、全盤托出

關合；覆蓋

- 這個字很有趣，用手把任何有開口的東西關合起來或是覆蓋住，就是「扣」。

- 折扣、不折不扣、絲絲入扣、扣人心弦、環環相扣

抵禦、不接受

- 「亢」字的本義是指人的頸子，上承頭顱、下接胸脯，引申有承擔的意思，加上「手」偏旁表示用手去承擔、抵禦敵人的侵擾。

- 抗拒、抗暴、反抗、違抗、分庭抗禮

顫動

- 「斗」在這裏是指星斗。我們抬頭看星斗時，因為受到空氣流動的影響，所以星斗看起來都是在閃動、顫動的，這裏取用顫動的意思，加上「手」偏旁表示手的顫動。

- 發抖、抖動、抖出、抖擻、顫抖

才藝

- 「支」是指竹子較細微的枝條，因此有細緻的意思，加上「手」偏旁表示手很巧，能夠做出許多精緻的東西。

- 技巧、技高一籌、身懷絕技、雕蟲小技、黔驢技窮

用手相助

- 「夫」是指已成年的男子，而男子在成年後不管體力或智力都有增進，可以輔佐他人，這裏取用輔佐的意思，再加上「手」偏旁表示用手輔佐、幫助他人。

- 扶助、扶手、濟弱扶傾、扶老攜幼、扶搖直上

挑取

- 「夬」在這裏是「決」的省略，有決定之意，加上「手」偏旁表示用手來挑取、決定。

- 抉擇

niǔ

扌 + 丑

手握東西用力旋轉

- 「丑」在古文中畫的就是一隻手拿着絲繩轉緊的樣子，加上「手」偏旁便強調是用手將東西轉緊。

- 扭打、扭捏、扭曲、扭轉、彆扭

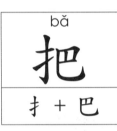

bǎ

扌 + 巴

握住

- 「巴」在古文中畫的是一條大蛇的樣子；而抓蛇必須握緊牠的頭頸，所以「把」的本義就是用手握緊物體。

- 把柄、把戲、把手、把握

zhǎo

扌 + 戈

尋求

- 「戈」是一種短兵器。當人在雜物或雜草堆裏尋找物品的時候，手中常會拿着短棍之類的東西來幫助搜尋。

- 找到、找尋、找碴、尋找、自找麻煩

shū

扌 + 予

發洩

- 「予」有給予的意思。當人在抒發情緒的時候，就像用手將物品給予人一樣，都有給予的意味。

- 抒發、抒情、抒解、各抒己見

撕、裂開

- 「止」在古文中畫的是腳趾頭的樣子。用手將物品撕裂，就像腳趾是五趾分開的一樣。

- 拉扯、胡扯、牽扯、扯平、扯不清

斷

- 「斤」在古文中畫的是一種砍木頭的斧頭。而用手拿着斧頭，就是要把木頭砍斷。

- 折服、波折、一波三折、百折不撓、將功折罪

用指甲搔

- 「爪」是鳥獸的指爪。當人要搔癢時，手指就會張開略彎，就像鳥獸的爪子一樣。

- 抓牢、抓緊、抓癢、抓住、抓耳撓腮

裝飾、化妝

- 「分」有別的意思。用手來裝飾、化妝，就是要使修飾出來的整體感覺合宜，以符合不同場合的需求。

- 打扮、假扮、裝扮、扮演、女扮男裝

tóu 投 扌 + 殳

擲

- 「殳」是手拿着長兵器去傷人，因此有以近及遠的意思；而手拿東西丟擲出去，也是有以近及遠的意味。

- 投入、投降、投資、投其所好、投石問路

lā 拉 扌 + 立

牽引

- 「立」在甲骨文中畫的是一個人正面打開雙腳穩穩地站在地上的樣子，而要伸手去拉人或物體，必須讓自己先站穩腳跟。

- 拉扯、拉拔、呼拉圈、摧枯拉朽

mā 抹 扌 + 末

塗；擦拭

- 「末」在這裏指顏料粉末。用手將顏料粉末塗在物體上，就是「抹」。

- 抹去、抹殺、抹滅、塗抹、拐彎抹角

jù 拒 扌 + 巨

抵禦、不接受

- 「巨」是「矩」字最早的寫法，「矩」是一種畫方形的工具，引申即有規矩、限定的意思，加上「手」偏旁表示用手來限定、不准隨心所欲。

- 抗拒、拒絕、堅拒、婉拒、來者不拒

拉起；抽出

- 「犮」是犬（狗）在跑的樣子。狗是很擅長奔跑的動物，奔跑的速度也很快，而將東西拔出時也要快速，所以在這裏取用「犮」的快速之意。

- 海拔、選拔、連根拔起、出類拔萃、堅忍不拔

引出；拔出

- 「由」含有從的意思。用手順着物體行進的方向將它引出來，就是「抽」。

- 抽空、抽查、抽搐、抽絲剝繭、釜底抽薪

愚笨；不靈巧

- 「出」的本義是指草木剛從土裏生長出來不整齊的樣子，這裏取用不整齊的意思，加上「手」偏旁表示手不靈巧，無法做出完美的東西。

- 拙劣、笨拙、拙荊、弄巧成拙、勤能補拙

打開

- 「皮」是從動物身上剝下的獸革，因此有離開了動物身體的意味，在這裏我們取用離開的意思，加上「手」偏旁表示用手將物體被掩蓋住的部分分離，讓它明白地顯露出來。

- 披風、所向披靡、披荊斬棘、披星戴月、披掛上陣

舉手叫人來

- 「召」的本義是張開嘴叫喚人過來,加上「手」偏旁表示舉手揮動要人過來。

- 招生、招呼、招牌、不打自招、招兵買馬

用手臂圍住

- 這個字一看便很容易明瞭,用手臂將物體包圍起來,就是「抱」。

- 抱持、抱怨、打抱不平、抱頭鼠竄、抱薪救火

開墾;擴張

- 將擋在面前阻礙行進的石頭推開,就是要使路面寬廣,可以順暢地往前進。

- 開拓、拓荒、拓展、拓印、拓碑

五指彎曲向掌心握攏

- 「㸦」是用兩隻手將物體撕裂,因此有侵襲的意思,加上「手」偏旁表示將五指握緊準備打擊物體。

- 拳頭、揮拳、花拳繡腿、摩拳擦掌、赤手空拳

àn

按

扌 + 安

用手往下壓出

- 「安」含有安定、穩定的意思。而將物體往下壓，物體越低，穩定性也越高。

- 按照、按時、按圖索驥、按部就班、按兵不動

ná

拿

合 + 手

用手握或取

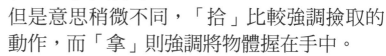

- 「拿」和「拾」一樣，都是由「合」和「手」組成的，但是意思稍微不同，「拾」比較強調撿取的動作，而「拿」則強調將物體握在手中。

- 拿手、拿捏、捉拿、加拿大、十拿九穩

chí

持

扌 + 寺

掌握

- 「寺」的本義是指古代的官府，也是治理政事的地方，加上「手」偏旁表示諸事皆在官署的掌握、掌控中。

- 把持、保持、僵持、持之以恆、老成持重

zhǐ

指

扌 + 旨

手掌前端分叉、可以拿取東西的部位

- 「旨」含有甘旨、美味的意思。古人在沒有發明筷子前，都是用五指抓取食物來吃，因此手指便成了能夠協助品嚐美味的重要工具。

- 手指、指導、屈指可數、指名道姓、指鹿為馬

救、援助

- 「丞」是古代輔佐帝王的高官，這裏取用輔佐的意思，加上「手」偏旁表示伸手輔助，讓陷於危險的人可脫離險境。
- 拯救

撿取

- 「合」有聚合的意思。以手撿取東西，就等於讓手與東西相聚合。
- 收拾、拾獲、俯拾皆是、路不拾遺、拾人牙慧

掘；用手或工具向深處去掏

- 「空」是由「穴」和「乙」組成的。「乙」在古文中畫的就是一隻鳥的簡筆畫，因此，「空」的本義便是鳥巢，加上「手」偏旁則表示伸手向內掏掘的動作，就像是從鳥巢裏掏東西一樣。
- 挖洞、挖苦、挖掘、挖除、挖空心思

選取

- 「兆」的本義是指占卜時灼燒龜甲來判斷吉凶，以便趨吉避凶，因此有擇取的意味，加上「手」偏旁表示用手擇取。
- 挑剔、挑戰、挑選、千挑萬選、精挑細選

捉拿；取

- 「甫」在這裏是「逋」的省略，指逃亡的人，加上「手」偏旁表示動手捉拿逃亡的人。
- 捕捉、捕獲、逮捕、追捕、捕風捉影

握緊

- 「昰」是由「日」和「土」組成的，太陽將土壤的水分蒸發了，會讓土壤更密實，而用手捏東西也是要使東西更加密實。
- 拿捏、捏造、捏塑、扭捏

不順利；屈辱

- 人在坐着的時候，身體是彎曲的，引申有萎靡、不順的意思，加上「手」偏旁表示做事不順利。
- 力挫、挫折、挫敗、受挫、抑揚頓挫

防衛

- 「旱」是由「日」和「干」組成的，表示強烈的陽光把東西都曬乾了，這裏取強烈的意思，加上「手」偏旁表示防衛的心態和行動也要強烈，不能退縮。
- 捍衛

捉 zhuō

扌 + 足

抓、逮

- 將手和足（腳）合在一處時，即被逮到、綑綁了。

- 捉弄、捕捉、捕風捉影、難以捉摸、甕中捉鱉

控 kòng

扌 + 空

操持，掌握

- 「空」有窮盡的意思。要掌握人或物聽從指揮時，必須窮盡心力來執行。

- 控訴、控告、失控、掌控、操控

捲 juǎn

扌 + 卷

把東西彎成圓筒狀

- 「卷」在古文中畫的是人將膝蓋彎曲的樣子，因此有曲屈的意思，加上「手」偏旁表示用手將東西彎曲成圓筒狀。

- 捲曲、席捲、捲進、捲土重來

捷 jié

扌 + 疌

快速的；勝利

- 「疌」是由手以及足（腳）組成的，表示手腳並用，加上「手」偏旁有動作的意味。手腳並用動作便會迅速，而動作迅速在作戰時才能獲得勝利。

- 捷徑、敏捷、捷報、捷足先登、連戰皆捷

手

83

jiē
接
扌 + 妾

連結；收受；招待

● 「妾」是身分卑微的女人，常常需要從事繁瑣的勞役，因此與他人的接觸也比較多，加上「手」偏旁表示常由他人的手上收受物品，或是表示招待他人。

● 連接、接棒、目不暇接、短兵相接、待人接物

tàn
探
扌 + 罙

尋求；推究

● 「罙」在這裏是「深」的省略。要尋求、推究事物，往往要有深入的行動才能得到。

● 探討、刺探、試探、窺探、一探究竟

pěng
捧
扌 + 奉

用兩隻手托着

● 「奉」字在古文中畫的就是用兩隻手恭敬地托着東西，加上「手」偏旁則強調是用手托物。

● 捧場、吹捧、捧花、捧腹大笑

sǎo
掃
扌 + 帚

清除污穢

● 「帚」是掃把，加上「手」偏旁表示手拿掃帚，當然就是要清除污穢啦！

● 掃地、掃蕩、掃興、打掃、一掃而光

給予

shòu

授

扌 + 受

- 「受」字有接受的意思，加上「手」偏旁 表示甲將東西拿給乙，而乙伸手接受。

- 傳授、教授、面授機宜、傾囊相授

用力支撐或擺脫

zhēng

掙

扌 + 爭

- 「爭」有競爭、一較高下的意思。而兩相較勁的時候一定會有勝敗，此時落敗的一方一定會用力支撐或是擺脫襲擊。

- 掙扎、掙脫、垂死掙扎

摘取

cǎi

採

扌 + 采

- 「采」是由「爪」和「木」組成的，本義是伸出手爪摘取樹上的東西，加上「手」偏旁則強調是用手摘取。

- 採用、採取、採訪、採購、開採

推開

pái

排

扌 + 非

- 「非」字有相背的意思，加上「手」偏旁表示用手將物體向左右推開，使被推開的兩方位置相背。

- 排列、編排、大排長龍、排除萬難、排山倒海

tuī

推

扌 + 隹

從後面用力使物體向前移動

● 「推」的本義是排，也就是用手排開物體、使它離開原來的位置；「隹」是短尾鳥，性喜向外飛翔，這裏取用向外、離開原來位置的意思。

● 推論、半推半就、推己及人、推心置腹、推陳出新

tāo

掏

扌 + 匋

挖；伸手探取

● 「匋」是一種瓦器。將手伸入瓦器裏，便有探取東西的意味。

● 掏空、掏出、掏錢、自掏腰包

jué

掘

扌 + 屈

挖鑿

● 「屈」有彎曲的意思。當人手拿工具挖鑿時，身體常是彎曲的。

● 掘取、採掘、發掘、挖掘、臨渴掘井

chā

插

扌 + 臿

刺進去

● 「臿」是由「干」和「臼」組合成的，本義是指拿杵不停地舂着放有稻穀的臼，因此有刺入的意思，加上「手」偏旁表示是用手來執行刺入的動作。

● 插秧、插圖、穿插、插翼難飛、插科打諢

手指合攏起來拿東西

● 「屋」是人居住的地方，有容人在內的意味，而將手指合攏起來拿東西，也有容物在內的意味。

● 握手、把握、掌握、大權在握、握手言歡

垂手拿東西

● 「是」有實的意思。用手提拿東西時，這東西必須是實物才有辦法提拿。

● 提拔、提筆、提心吊膽、相提並論、耳提面命

抓

● 「蚤」是一種會在人身上爬行、咬人的小蟲。當人感覺到小蟲造成的痛癢時，就會伸手去抓小蟲或是被小蟲爬過、咬過的部位。

● 搔癢、搔頭、搔首弄姿、搔到癢處、隔靴搔癢

擺動

● 「䍃」是由「夕」（肉）和「缶」（瓦器）組成的，加上「手」偏旁表示手拿着放有肉的瓦器擺動，使灑在肉上的調味料能夠分布均勻。

● 搖晃、搖曳、天搖地動、扶搖直上、屹立不搖

qiǎng

搶

扌 + 倉

強奪

● 「倉」有倉促的意思。動手強奪別人的東西，一定是趁人不備之時，所以行動必然會倉促。

● 搶先、搶劫、搶救、搶奪、呼天搶地

sǔn

損

扌 + 員

減少

● 「員」是計算官吏數量的量詞，這裏取用數量的意思。用手將已有的數量取走，剩下的數量便會比原先的少。

● 損失、損害、破損、損人利己、損兵折將

摸

扌 + 莫

mō

找、尋求

● 「莫」是指太陽落到草中，也就是天黑了。天黑時四周景物很難分辨，因此要伸手輕輕地探取物品。

● 摸透、不可捉摸、偷雞摸狗、混水摸魚、瞎子摸象

shuāi

摔

扌 + 率

傾跌；扔去

● 「率」有輕率、疏忽之意。讓東西摔出去往往是由於輕忽所導致的。

● 摔打、摔破、摔倒、摔傷、摔跤

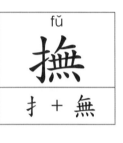

lāo
撈
扌 + 勞

從水裏將物體拿出來

● 「勞」有勞力的意思。從水裏取出物體，必須花費比從地面拿取物體更大的力氣。

● 捕撈、打撈、撈捕、水中撈月、海底撈針

fǔ
撫
扌 + 無

安

● 「無」是「舞」字的最早寫法，在古文中畫的是人雙手拿着牛尾跳舞，能夠跳舞必然是生活豐裕，因此有厚重的意思；而能夠去安撫難過的人，使他安適舒坦，這個人的心地一定是非常仁厚的。

● 安撫、撫平、撫慰、撫育、撫摸

sā
撒
扌 + 散

散布

● 「散」有分散的意思。用手撒東西，就是要使東西分散、廣布。

● 撒嬌、撒落、撒謊、撒野、撒手人寰

bò
播
扌 + 番

種植；散布

● 「番」的本義是指獸類的爪掌，獸的爪掌走過地面通常會留下痕跡，這裏取用留下痕跡的意思；而種植時散布種子或秧苗到田裏，要先挖小坑，也是極容易留下種植過的痕跡。

● 播種、傳播、散播、導播、聲名遠播

hàn

撼

扌 + 感

搖動

- 「感」有感應的意思。物體受到搖動時，必然會有反應或感應

- 撼動、震撼、搖撼、蚍蜉撼樹

jiǎn

撿

扌 + 僉

拾取

- 「僉」有皆、一同的意思，加上「手」偏旁表示把散置在地上的東西拾取起來，使東西可以聚合在一起。

- 撿柴、撿拾、撿便宜

yōng

擁

扌 + 雍

抱

- 「雍」有雍和、和睦、和諧的意思。用手擁抱他人，便傳達了希望和睦的心意。

- 擁抱、擁護、前呼後擁、相擁而泣、左擁右抱

cāo

操

扌 + 喿

握、把持

- 「喿」的本義是指很多鳥聚集在樹上張嘴鳴叫，有傾全力鳴叫之意，這裏取用傾全力的意思，加上「手」偏旁便表示傾全力用手把持、握住。

- 操場、操勞、重操舊業、操之過急、穩操勝券

挑選

- 「睪」的本義是伺察罪人，因此有嚴加察看的意思，加上「手」偏旁表示嚴加挑選。
- 選擇、口不擇言、不擇手段、擇善固執、物競天擇

憑藉；依靠

- 「豦」是由「虍」（虎）和「豕」（豬）組成的，有兩獸各有憑藉、互相咬鬥的意思，加上「手」偏旁則表示有所執持、依靠，不畏懼侵犯者。
- 根據、盤據、據理力爭、據為己有、引經據典

敲打

- 「毄」字是由「軎」（車軸的頭）和「殳」（長棍子）組成的，加上「手」偏旁表示用手拿長棍去敲打車軸的頭。
- 反擊、出擊、打擊、無懈可擊、旁敲側擊

放大

- 「廣」字有大、寬闊之意。用手將小的物體張開變大，便是「擴」。
- 擴張、擴大、擴充、擴散

攀 pān
樊 + 手

用手抓着東西向上爬

- 「樊」下的「大」在古文中畫的是兩隻手的樣子，表示人或動物被林子困住，伸出手想爬出來，加上「手」偏旁強調需要多加把勁才能爬出來。

- 攀爬、攀登、攀談、高不可攀、攀龍附鳳

擾 rǎo
扌 + 憂

煩亂

- 「憂」有愁悶不安的意思，加上「手」偏旁表示行為或動作使人煩亂不安。。

- 打擾、紛擾、騷擾、阻擾、擾亂

手

92

QQ小站

　　華佗是東漢末年的名醫，他最享譽於世的，就是他所創的麻醉外科手術。你知道在那個時期，華佗怎樣麻醉病人動手術嗎？·

目 的 家 族

「目」是眼睛，跟眼睛的構造、活動有關的字，大多有一個「目」偏旁，當作部首時寫成「罒」。

máng

盲

亡 + 目

眼睛看不見

- 「亡」有失去的意思，眼睛失去視覺作用，便看不見東西了。

- 文盲、導盲、盲點、盲腸、盲人摸象

xiāng

相

木 + 目

察看

- 用眼睛看木頭，便是要察看這塊木頭是不是可以拿來利用。

- 面相、真相、照相、首相、怒目相向

méi

眉

尸 + 目

眼上額下的細毛

- 「尸」在甲骨文中畫的就是眉毛的樣子，下面再加上「目」，便是指明這是長在眼睛上方的毛。

- 眉毛、眉批、迫在眉睫、眉開眼笑、舉案齊眉

省 shěng
少 + 目

自我檢討；覺悟

● 眼睛注視的東西少，心就能更加專注、也更能思考。

● 反省、省思、不省人事、反躬自省、發人深省

看 kàn
手 + 目

視

● 「手」在甲骨文中畫的是一隻手的樣子。把手舉起來遮在眼睛上方，就能看得更遠。

● 難看、百看不厭、刮目相看、走馬看花、霧裏看花

盾 dùn
厂 + 目

古代作戰時，用來遮擋敵人攻擊身體或眼睛的兵器

● 「厂」在甲骨文中畫的是盾牌側面的樣子，「十」是盾牌內部可以握的部分。士兵在作戰時，常會拿盾牌遮擋敵人的刀槍，以保護身體或眼睛。

● 盾牌、矛盾、後盾、自相矛盾

盼 pàn
目 + 分

看；希望

● 「分」有分別的意思。眼珠是黑白分明、不混淆的，當人在看東西的時候，也要像黑白分明的眼珠一樣，把東西看得清清楚楚。

● 盼望、期盼、企盼、顧盼生姿、左顧右盼

眼睛昏花看不清楚

- 「玄」有幽遠、難以摸索的意思，加上「目」偏旁便表示看不清楚東西。

- 眩暈、目眩、昏眩、暈眩、頭暈目眩

睡覺

- 「民」字在這裏是「泯」的省略，有昏的意思。當人閉起眼睛睡覺時，就好像進入昏迷狀態一樣。

- 失眠、冬眠、催眠、睡眠、不眠不休

眼睛一開一閉

- 「乏」的小篆寫法和「正」字剛好相反，在此表示「反」的意思。眼睛在正常狀態下都是多開少閉的，現在不斷地一開一閉，就表示違反常態。

- 眨眼、一眨眼

視覺器官

- 「艮」有彼此相對的意思。眼睛位於鼻梁的左右，位置也是彼此相對的。

- 眼睛、大開眼界、有眼無珠、放眼望去、眼高手低

眼睛的四周

- 「匚」是「筐」字最早的寫法,「筐」是可以盛裝物品的器具,而眼眶在眼睛的四周,也等於是把眼睛盛裝在中間。

- 眼眶、奪眶而出、淚珠盈眶、熱淚盈眶

眼珠

- 「牟」是牛的叫聲。牛的眼睛特別圓且大,因此在「目」的旁邊加上「牟」,特別指出是眼睛中那個圓且大的眼珠。

- 眼眸、明眸皓齒、回眸一笑

疲倦想睡

- 「困」字有困頓、疲倦的意思。人疲倦想睡的時候,從眼睛的狀態最容易觀察出來。

- 睏倦

眼珠

- 「青」有美好的意思。眼睛是人的靈魂之窗,眼珠清澈、看東西清楚明白,就是最美好的。

- 眼睛、火眼金睛、目不轉睛、畫龍點睛

和善

- 「坴」在這裏是「陸」的省略。「陸」是指高平的土地,引申有平順的意思。人與人的目光平順接觸,彼此便能和善相處。

- 和睦、敦睦、敦親睦鄰

看見

- 「者」有表示其他東西的意思，要分別這樣東西和他樣東西的差別，當然就必須用眼睛來看啦！

- 目睹、先睹為快、視若無睹、有目共睹、慘不忍睹

察看

- 「叔」是「ホ」加「又」，就是用手拿着「ホ」（一種豆類）。在拾取豆類時要察看清楚，避免撿拾了不好的豆子。

- 監督、總督、督促、督察、基督教

張開眼睛

- 「爭」有互相較量的意思。當人們碰到要互相較量的對手時，往往會把眼睛睜大、怒目相視。

- 睜眼、眼睜睜

分離

- 「癸」是一種有着三個尖刃的兵器，這三個尖刃各朝不同的方向，引申有分別、分離的意思，再加上「目」偏旁，表示分離時目送對方離去。

- 睽違、眾目睽睽

miáo
瞄
目 + 苗

看、注視

- 「苗」在這裏是「描」的省略,描繪東西的時候要專注,所以加上「目」偏旁,便是強調眼神專注地看東西。

- 瞄準

shuì
睡
目 + 垂

閉眼休息

- 人在睡覺的時候,眼皮會垂下來,所以在「目」的旁邊加上「垂」,表示把眼皮垂下來休息了。

- 睡覺、睡眠、睡不着、昏昏欲睡、睡眼惺忪

xiā
瞎
目 + 害

喪失視覺

- 「害」有傷害的意思。眼睛受到傷害、失明了,便看不到東西了。

- 瞎子、瞎鬧、瞎忙、瞎扯、瞎子摸象

míng
瞑
目 + 冥

閉上眼睛;眼睛昏花

- 「冥」有昏暗不明的意思,旁邊加上「目」便表示眼睛昏花、看不清楚東西。

- 瞑目、死不瞑目

kē
瞌
目 + 盍

想睡覺的樣子

- 「盍」有覆蓋的意思。當人想睡覺時，眼皮就會覆蓋下來。

- 瞌睡、打瞌睡

dèng
瞪
目 + 登

不高興地睜大眼睛看

- 「登」字有登高、登上之意。當人在瞪人時，眼球往往會往上翻。

- 瞪眼、目瞪口呆

liǎo
瞭
目 + 尞

明白、清楚

- 「尞」是燒柴祭天，有火光照耀的意思。在火光照耀下，眼睛看任何東西都會很清楚明白的。

- 明瞭、瞭解、一目瞭然、瞭若指掌

méng
矇
目 + 蒙

把東西蓋起來；模糊不清的樣子

- 「蒙」有覆蓋的意思，旁邊加上「目」偏旁，便是把眼睛蓋起來。眼睛被遮蓋住，當然看東西會模糊不清啦！

- 矇混、矇蔽、矇騙、矇矓

倉頡大仙講古

【瞽瞍（音古叟）】「瞽」和「瞍」兩字都是眼睛看不見東西的意思。古代有一個很賢能的皇帝叫作「舜」，他的父親對他很壞，有好幾次都想把舜殺死，當時人們對舜的父親這種行為感到很厭惡，便稱他為「瞽瞍」，這並不是舜的父親眼睛看不見，而是因為舜的父親有眼睛，卻沒有辦法分辨是非好壞，跟瞎了眼是一樣的。

QQ小站

假如你有一個像「瞽瞍」一樣的爸爸，有一天你跟同學玩球，同學不小心打破玻璃窗，這時爸爸不但不相信你，反而聽信別人挑撥的話要責打你，你會怎麼讓爸爸相信你呢？

「耳」是耳朵，跟耳朵、聽覺有關的字，大多有一個「耳」偏旁。

耽 dān
耳 + 尤

沈迷

- 「尤」在這裏是「沈」的省略。耳朵沈迷（同沉迷）於傾聽美好的聲音，就是一種耽溺。
- 耽溺、耽擱、耽誤

耿 gěng
耳 + 火

內心不安；正直、有節氣

- 耳朵聽到火燃燒的聲音，心中便會覺得不安而知道警惕。
- 耿介、耿直、耿耿於懷、忠心耿耿

聊 liáo
耳 + 卯

閒談

- 「卯」在小篆中畫的是兩個「戶」相背，跟「門」字的結構剛好相反，指打開着的門。把門打開，旁邊加上「耳」，當然就是要串門子、閒聊囉！
- 聊天、無聊、聊備一格、聊勝於無、聊表心意

聆

聽

- 「令」有美好的意思。耳朵聽到美好的音樂或言語，都會比較注意傾聽。

- 聆聽、聆訊

聒

聲音很吵鬧、喧擾

- 「耳」旁加一個舌頭，便是耳朵一直聽到舌頭不停地動、講話的聲音。

- 聒噪、絮聒

耳

102

聖

精通；學問廣博、明白事理的人

- 「壬」是植物挺出地面的樣子，就像聖人是挺立在人羣中的；而聖人是通達事理的人，所以用耳傾聽就能知道萬物想要訴說的情理。

- 神聖、聖賢、聖潔、聖人、聖手仁心

聘

訪問；請某人擔任職務

- 「甹」的本義是「俠」，也就是喜好濟世救人的人，這種人會特別注意聽聞哪裏有需要濟助的人或事；而訪問某人也是為了想知道更多的事，所以便在「耳」旁加「甹」來表示訪問的意思。

- 聘請、招聘、聘用、續聘、聘禮

jù

聚

取 + 仦

村落；羣集

- 「聚」下面是三個「人」，而三人成「眾」，既然是眾人居住的地方就是一個村落囉！村落裏的每個人各司其職，便能製造出許多東西，所以要取用時，便能不虞匱乏啦！

- 聚會、相聚、團聚、物以類聚、聚沙成塔

shēng

聲

殸 + 耳

音

- 「殸」在這裏是「磬」的省略，磬是古代八音之一，也是最精緻、入耳最美妙的，所以，「聲」的上半部便用「殸」來表示。

- 掌聲、歌聲、聲明、異口同聲、鴉雀無聲

cōng

聰

耳 + 悤

視聽靈通；智力高

- 「悤」有迅速的意思。聰明的人反應迅速，對於聽到的事物能夠馬上查知是否屬實、並探測其中隱含的意思。

- 聰明、聰敏、聰慧、自作聰明、耳聰目明

lián

聯

耳 + 絲

人或事物連結在一起

- 「絲」在小篆之中寫的即是「絲」，絲有並排、連綿不絕的意思，而耳朵長在兩頰，也有並排的意味。

- 聯合、聯想、聯繫、聯絡、珠聯璧合

高;畏懼

- 「聳」的本義是指天生的聾人,他們聽不到聲音,所以要以眼睛代替耳朵,跟從他人的表情或指示來做事,因為怕誤解別人的意思、做錯了事,因此常心懷恐懼。

- 聳動、聳立、聳肩、危言聳聽、聳人聽聞

管理執掌某件事

- 「戠」在這裏是「識」的省略,有審查知曉的意思。管理執掌的人必須一聽到上級的命令,就審查知曉應該做的事。

- 職位、職責、辭職、克盡己職、擅離職守

用耳朵接收聲音

- 「悳」在這裏是「德」字的省略,有品行美好的意思,而「壬」在這裏是指挺立在人羣中的聖人。用耳朵聽聖人的嘉言懿訓,讓自己的行為也能像聖人一樣美好。

- 打聽、聆聽、聽見、道聽塗說、危言聳聽

你聽過最美妙的聲音是什麼?為什麼它是最美妙的聲音?

足 的 家 族

「足」是腳，跟腳的構造、活動有關係的字，大多有一個「足」偏旁，當作部首時寫成「⻊」。

zhǐ

趾

⻊ + 止

腳趾頭

- 在甲骨文中「止」畫的便是腳趾頭的樣子，為了更加強調這是腳趾頭而非手指頭，就加上「足」偏旁來強調。

- 腳趾、趾高氣揚

jù

距

⻊ + 巨

相隔的遠近

- 「巨」字有大的意思，人只要行動就會產生距離，走得越多，當然距離就越大啦！

- 距離、差距、等距、相距、間距

pǎo

跑

⻊ + 包

大步地快速往前走

- 「包」在這裏是「刨」的省略。動物用爪子刨地面時，通常是又快、動作又大，再加上「足」偏旁表示腳在走路時的動作又大又快，便是「跑」。

- 跑步、跑道、奔跑、逃跑、賽跑

diē

跌

足 + 失

摔倒；錯失

● 「失」有錯誤之意，在行走時沒有走好就會摔倒。

● 下跌、跌落、跌宕、跌倒、跌破眼鏡

bǒ

跛

足 + 皮

腳有殘疾、走路一拐一拐的

● 「皮」是覆蓋在動物身上的一層保護組織，剝下來的時候通常是軟趴趴、屈曲不平的。而腳有殘疾的人，走路也像是走在不平的路一樣，步伐是一拐一拐的。

● 跛子、跛腳

jì

跡

足 + 亦

行走後所留下的痕印

● 「亦」在古文中畫的是人的胳肢窩，即是腋下凹進去的地方；而人留在路上的足跡，也是比旁邊的土地還要凹下去。

● 遺跡、足跡、蹤跡、蛛絲馬跡、銷聲匿跡

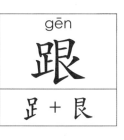

gēn

跟

足 + 艮

腳或鞋、襪的後部

● 「艮」在這裏是「根」的省略。腳跟位於腳的後部，用來着地、支撐身體的重量，就像樹木的根一樣。

● 跟蹤、跟進、跟隨、跟班、腳跟

kuà
跨
𧾷 + 夸

越過

- 「夸」含有大的意思。要越過某個地形或東西時，要把雙腳張大，以便跨越。

- 跨欄、跨越、跨步、跨海、橫跨

lù
路
𧾷 + 各

街道

- 「各」有分別的意思，加上「足」偏旁表示人依需要或喜好而選擇各自的道路行走。

- 馬路、迷路、峯迴路轉、投石問路、路不拾遺

tiào
跳
𧾷 + 兆

躍起

- 「兆」是卜卦時灼燒龜甲獸骨、看它的裂紋來判斷吉凶，而灼燒時裂紋的速度很快，就像人在跳躍時速度是很快的一樣。

- 心跳、跳水、跳蚤、跳動、暴跳如雷

guì
跪
𧾷 + 危

使膝蓋彎曲着地

- 「危」字有不安的意思，人體在跪着的時候，要挺直上半身、兩個膝蓋着地，很難保持重心的平衡，常有忽前忽後、忽左忽右的不安感。

- 跪下、跪坐、跪爬、跪拜、罰跪

用腳踩踏

● 「戔」在這裏是「殘」的省略。用腳踩踏物體，就會使物體受到損害、殘害。

● 踐踏、作踐、實踐

腳上部兩旁突出的圓形骨頭

● 果子大多是圓形的，而腳踝的形狀也像一顆圓形的果子，既凸且圓。

● 踝骨、腳踝

舉腳用力觸動東西

● 「易」有變動、改變之意。用腳踢東西，會使東西離開原來的地方、也就是改變了東西原來的位置。

● 踢球、踢腿

舉腳着地

● 「沓」是由「水」和「曰」組成的，有說話如流水一樣順暢的意思，而舉腳着地，腳跟與地面貼合，也有極為順暢的意味。

● 踏步、踏青、踐踏、踏破鐵鞋、腳踏實地

cǎi 踩 𧾷 + 采	**用腳踐踏** ● 「采」是由「爪」和「木」組成的，有用手採摘的意思。一般來說，腳是不會採摘東西的，當腳做出類似像手的採摘動作時，便是東西被踐踏在腳下了。 ● 踩到、踩踏
dǎo 蹈 𧾷 + 舀	**跳動** ● 「舀」是由「爪」和「臼」組成的，在舂穀物時，必須將手不斷地伸入臼中撥弄穀物，讓穀物能均勻地受到舂打，而舂打時杵不停地一上一下移動着，就像舞蹈時腳不停地一上一下跳動一樣。 ● 舞蹈、手舞足蹈、循規蹈矩、重蹈覆轍、赴湯蹈火
bèng 蹦 𧾷 + 崩	**向上跳** ● 「崩」是指土石離山墜落，所以有離開的意思。而當腳向上蹦跳時，腳也會離開地面。 ● 蹦蹦跳跳、活蹦亂跳
zōng 蹤 𧾷 + 從	**腳印、足跡** ● 「從」有跟隨之意。「蹤」即是在行走時留下足跡，讓後來的人容易照着足跡跟隨。 ● 失蹤、行蹤、跟蹤、蹤影、蹤跡

dūn
蹲
𧿹 + 尊

人彎腿虛坐

- 「尊」是指一種酒器，上下細長、中間圓大，就像人蹲着的樣子。

- 半蹲、蹲坐、蹲俯

zào
躁
𧿹 + 喿

性急；擾動

- 「喿」是「木」上有三個「口」，表示羣鳥聚集在樹上鳴叫，聲音又雜又急，加上「足」偏旁，表示一旁的人心裏被擾亂得要跳腳了。

- 毛躁、浮躁、急躁、暴躁、心浮氣躁

yuè
躍
𧿹 + 翟

跳

- 「翟」是一種雉雞，很擅長跳躍，加上「足」偏旁便是強調跳躍的這種舉動。

- 跳躍、飛躍、一躍而起、躍然紙上、躍躍欲試

niè
躡
𧿹 + 聶

腳尖着地輕輕地走

- 「聶」字是由三個耳朵組成的，表示三個耳朵貼近講悄悄話，聲音是又輕又細的，加上「足」偏旁便是把這種又輕又細的特性移到腳部，當然就是要腳尖着地輕輕地走囉！

- 躡足、躡手躡腳

頁 的 家 族

「頁」在甲骨文中畫的是有着一個大頭的人，跟人體、頭部有關的字，大多有一個「頁」偏旁。

dǐng

頂

丁 + 頁

人體或物體最高的部位

- 「丁」畫的是一根釘子的樣子，有尖端的意思，在人或物體的尖端部位，就是「頂」。
- 頂點、頂撞、頂樓、頭頂、醍醐灌頂

shùn

順

川 + 頁

從；如意、適合

- 「川」是水流通暢的河。假如事事順心如意，人的臉面紋路也會和順。
- 平順、順便、順利、節哀順變、順理成章

xū

須

彡 + 頁

通「鬚」字，鬍鬚

- 「須」最早的意思是鬍鬚，「彡」畫的便是毛髮的樣子，長在臉頰兩旁和下巴的毛髮，就是鬍鬚。
- 必須、須臾、須知

| dùn
頓
屯 + 頁 | **暫停**
● 「屯」的本義是草木初生屈曲不順的樣子，因此要鑽出地面就會停頓、無法順利生長。
● 頓悟、停頓、茅塞頓開、舟車勞頓、抑揚頓挫 |

| sòng
頌
公 + 頁 | **讚美**
● 「公」有公開、平正之意。一個人站在大眾面前，讓大家公開欣賞他平正的面容，也表示他有值得人們稱頌的事跡。
● 歌頌、傳頌、讚頌、頌揚、歌功頌德 |

| fán
煩
火 + 頁 | **躁悶**
● 火會產生熱，而頭遇到熱就會產生躁悶不安的情緒。
● 煩心、煩悶、煩惱、心煩意亂、不厭其煩 |

| lǐng
領
令 + 頁 | **脖子**
● 「令」有美好的意思，脖子長在人頭的下方，是面對面時最容易看得到的地方，以美好為貴。
● 衣領、本領、帶領、獨領風騷、提綱挈領 |

| jiá
頰
夾 + 頁 | **臉的兩側**
● 這個字很有趣，在兩旁把頭夾起來的部位，當然就是臉頰啦！
● 腮頰、臉頰、雙頰、面頰、齒頰留香 |

脖子

- 「巠」有直而長的意思，在頭的下方直而長的部位，當然就是脖子囉！
- 頸部、頭頸、瓶頸、頸鏈、刎頸之交

屢次

- 「步」在這裏是「涉」的省略，加上「頁」偏旁表示人要涉水，可是看到水流很急，因此在心中猶豫、反覆思考着到底要不要過河？所以引申有屢次、頻繁的意思。
- 頻頻、頻率、頻繁、頻道、捷報頻傳

腦袋

- 「豆」是一種古代祭祀用的器皿，外形跟人的頭很像，所以加上「頁」偏旁，就用來指人的腦袋啦！
- 頭腦、白頭偕老、拔得頭籌、頭頭是道、當頭棒喝

計算圓形或粒狀物的單位量詞

- 「果」是草木的果實，大多是圓形的，就像是頭的形狀一樣。「顆」字最原先便是指圓形粒狀的東西。
- 顆粒

面容

- 「彥」有美好的意思，加上表示頭部的「頁」偏旁，便指美好的容貌。

- 汗顏、顏色、奴顏婢膝、和顏悅色、強顏歡笑

額頭；文章或一件事物的名稱

- 「題」本義是額頭，「是」有平正的意思。額頭以平正為美，而且額頭是在人頭的最上部，因此又可以引申為一篇文章的名稱，如題目。

- 題目、題材、標題、金榜題名、借題發揮

希望、期望

- 「原」是廣平的高地。人的願望通常高出自己現在所擁有的，就像從平地望高原一樣。

- 甘願、志願、寧願、願望、心甘情願

看；關心

- 「雇」是一種候鳥的名稱，農夫看到這種候鳥飛來，就知道是要開始辛勤耕種的時候了，所以「顧」又有關心的意思。

- 顧慮、照顧、不顧一切、顧此失彼、義無反顧

chàn
顫
亶 + 頁

抖動

● 「亶」是儲藏很多穀物的穀倉，所以有多的意思，旁邊加上「頁」，表示頭在搖動的時候，次數很頻繁，看起來便會產生頭很多的錯覺。

● 顫抖、顫慄、顫動、震顫、顫巍巍

xiǎn
顯
㬎 + 頁

露在外面容易看到的；明

● 「㬎」是指在大太陽下看絲線，所以有清楚明白的意思。人的頭也是露在身體外面、最容易被人看見，所以「顯」字便有明的意思。

● 明顯、顯露、大顯身手、淺顯易懂、達官顯要

QQ小站

假如你擁有一盞像阿拉丁一樣可以許願的神燈，你想許哪三個願望呢？為什麼你想許這三個願望？

什麼是「同源字」?

　　小朋友,有沒有忘掉倉頡大仙呀?現在又是一個讓倉頡大仙大篇幅亮相的機會了,大仙也很高興又要幫小朋友解惑囉!

　　看了那麼多的部首家族後,有沒有開始讚歎中國文字的創造真是了不起呢?下面我們將推出創造文字的秘密武器「同源字家族」噢!你可能會很好奇:「什麼是同源字呢?」從字面上推想,「同源字」就是有相同根源的字,你可以從字形、字音、字義這三方面來辨識一個字是不是屬於同源字家族的一員,因為同源字家族成員在形、音、義上都有緊密的關聯噢!首先,它們在形體上一定有一部分是相同的,就像部首家族的成員都是以同一個部首偏旁緊密相連那樣;在字音上也大多發音相同或相近,或是從同一個發音部位來發聲,而且在字義上也會有相近的脈絡可循。

　　要怎樣幫助你更容易理解「同源字」呢?我想舉個例子來說明吧!以「青」家族來說,「青」是指草木剛生長出來的顏色,有美好的意味,因此「青」的同源字家族大多含有「美好」的意思,發音也相近,如:「清」是指水很清澈美好;「晴」是指天氣很好;「睛」是指眼睛很清澈明亮;「精」

116

則是經過挑選的好米……從這個例子來看，你發現同源字家族的奧秘在哪裏了嗎？原來它是由同源字根加上部首組成一個個成員的，部首指出這個字的屬性或類別（如：水、日、目、米）；而同源字根則指出這個字的特性或特色（都跟「美好」的意思相關），並且在發音上也相同或相近。

　　了解了同源字根是怎麼組成同源字家族，你就可以對中國文字的創造和關聯有更進一步的了解。在下面我們將舉出二十個較具有代表性、家族成員較常見的同源字家族讓你參考，希望你會對中國文字越來越感興趣。

丁 的 家 族

「丁」在古文中畫的是一根釘子的形狀，「丁」的同源字家族大多有「直下、深入於內」的意思，發音也相近。

丁

118

dīng

仃

イ + 丁

孤獨、沒有依靠

- 古人稱能夠獨立完成任務的成年男子為「丁」，因此丁又有獨立、獨來獨往的意思，加上「人」偏旁便強調這個人是獨來獨往、孤獨的。

- 伶仃、孤苦伶仃

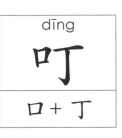

dīng

叮

口 + 丁

蚊蟲咬；再三囑咐

- 蚊蟲叮咬人是將刺深入人的皮膚中；再三囑咐人也是不停地說，目的在於深入人心。

- 叮噹、叮嚀、叮囑

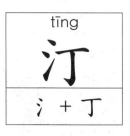

水邊平地或河流中的小沙洲

- 「汀」有水在下面而岸上是平的意味，就像釘子的釘蓋是平的一樣。

- 汀州、綠汀

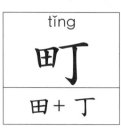

田地間的道路

- 田地間的道路是平坦的，就像釘蓋是平坦的一樣。

- 町畦

一種毒瘡，也叫疔瘡

- 「疔」的本義是創痛，即是受到創傷而產生的劇痛，所以就從「疒」偏旁，而「丁」有深入於內的意思，創痛對人來說也是深入肉體中的。

- 疔瘡

商量、約定

- 在釘釘子時，最重要的就是要將它放平正，然後施力均勻地擊入，這裏取用平正深入的意思，加上「言」偏旁表示與人商量、約定事情時必須抱持平正深入的態度。

- 訂婚、訂立、訂定、制訂、簽訂

酊
酉 + 丁
dǐng

大醉不省人事

- 「酉」是一種裝酒的容器,用來代表酒的意思。而喝得爛醉如泥的人是很難扶得起來的,就像被釘入地面的釘子是很難拔起一樣。

- 酩酊、酩酊大醉

釘
金 + 丁
dǐng

一種尖頂細長,用來連接和固定物體的東西

- 基本上「丁」字就已經能夠表示釘子了,再加上「金」偏旁用來強調釘子大多是以金屬製成的。

- 釘子、斬釘截鐵

頂
丁 + 頁
dǐng

人體或物體的最上端部位

- 「頁」字的本義是指人的頭部。而釘子被釘入物體後最明顯的就只剩最上面的釘蓋,就像人體最明顯為人所見的部位也是頭部一樣。

- 頂多、頂點、頂峯、醍醐灌頂、頂天立地

ＱＱ小站

　　你有聽過「竹頭木屑」的成語故事嗎?這個典故出自晉朝的大將軍陶侃,用現在的觀點來看,你覺得他有沒有「資源回收再利用」的觀念?後來他是把這些竹頭和木屑拿去做什麼用了呢?

支的家族

「支」在古文中畫的是用手拿着去掉竹枝的竹幹。「支」的同源字家族大多有「分離、支持、細微」的意思，發音也相近。

zhī

吱

口 + 支

形容尖細的聲音

● 「吱」通常用來形容細微雜碎的聲音，聲音由口發出，所以從「口」偏旁，而「支」有細微的意思，尖細的聲音就像是由齒縫擠出一般，有細微的意味。

● 吱吱喳喳

jì

技

扌 + 支

才能、手藝

● 「扌」是手的另一種寫法，精巧的技藝通常由手來表現，所以從「手」偏旁。而「支」有細微的意思，所以「技」便是精緻的手藝。

● 技巧、技術、技能、技高一籌、黔驢技窮

jì

妓

女 + 支

古代稱呼以歌舞為職業的女子

● 古代從事歌舞職業的女子，動作柔軟細微，就像竹枝的姿態一般柔軟。

● 妓女、歌妓、藝妓

樹幹旁邊生長出來的細條

- 「支」字有分離、分開的意思，而樹枝就像是由樹幹所分離出來的小細條一般。

- 樹枝、枝頭、枝葉、一枝獨秀、節外生枝

人或動物的手腳

- 人或動物的四肢，看起來就像由軀幹分叉生長出來的，跟樹枝是由樹幹旁分出來的有相同的意味。

- 下肢、四肢、前肢、肢體、肢解

岔路；不一致的

- 「歧」的本義是五指之外多生出來的一根指頭，「止」在古文中畫的是腳趾頭的樣子，「支」有分出的意思，所以，「歧」便是由五指旁生分出的指頭，現在「歧」字多引申作岔路、不一致的意思。

- 分歧、歧視、歧途、歧見、誤入歧途

chì

翅

支 + 羽

鳥類或昆蟲的飛行器官

- 翅膀相對於鳥類或昆蟲的肢體，就像是旁支分出去的器官一樣。「支」也有支持的意思，在鳥類或昆蟲飛行時，翅膀可支持、支撐牠們在空中不墜落。

- 翅膀、魚翅、展翅

jī

屐

尸 + 彳 + 支

木底鞋

- 「尸」在古文中畫的是人側坐的樣子，因此有人的意思，而「彳」是大腿連着小腿的樣子，再加上表示支持、支撐意思的「支」，「屐」字便有了穿在人的腳上、用來支撐人身體重量的鞋子之意

- 木屐

QQ小站

　　為什麼鳥可以飛翔呢？在牠們的翅膀裏是不是藏着什麼有助於飛翔的奧秘呢？

公 的 家 族

「公」是將物體平分的意思，也是古代對老者或有地位者的尊稱。「公」的同源字家族多有「平正、尊顯」的意思，發音也相近。

zhōng

忪

忄 + 公

害怕

● 「心」的旁邊加上表示公正的「公」，指心中常常懷着恐懼、害怕自己的作為無法達到平正的要求。

● 怔忪、惺忪

sōng

松

木 + 公

一種常綠喬木

● 松樹是一種常綠喬木，樹幹挺直、樹葉作針刺狀，歲寒而不凋。古人認為松樹也含有公正、正直的意思。

● 松柏、松鼠、松樹、松果、松鶴延年

wēng

翁

公 + 羽

對男性長者的稱呼

● 「翁」本義是指鳥類頸部的羽毛，因為「公」也是古人對於長者或有地位者的尊稱，有尊敬他居上位的意思，而鳥類頸部的羽毛又是在全身的最上面，也有居上位的意思。

● 翁婿、老翁、富翁、塞翁失馬、漁翁得利

爭辯是非；雙方打官司爭論曲直

- 「公」有平正無私的意思，而爭論是非時需要用到嘴巴，並且是為了想要求得一個公正客觀的結果，因此「訟」字就由「言」和「公」組合而成。

- 訴訟

稱讚

- 「頁」本義是指人的頭部。人的頭部是身體最容易被他人看到的地方，因此有顯露的意思。而人有美善的作為，也是最容易被人所尊重、稱讚的，就像顯露在外的容貌一樣。

- 歌頌、傳頌、讚頌、頌揚、歌功頌德

公

125

你知道最常用來表示法律和司法的標誌是什麼嗎？用這種標誌有什麼特殊的意義呢？

央的家族

「央」是指一人將兩手、兩腳大大地張開，站立於兩個界線中間，「央」的同源字家族大多有「大、中間」的意思，發音也相近。

yāng
泱
氵 + 央

水深廣的樣子

- 「央」有大的意思，再加上「水」偏旁便指出這水是很廣大、深廣的。

- 泱泱、泱泱大國

yāng
殃
歹 + 央

災禍；殘害

- 「歹」字在甲骨文中畫的是一根破碎殘缺的骨頭，所以跟「歹」相關的字大多有災禍的意思，加上「央」偏旁表示人在遇到災禍的時候，常常會徘徊在生死之間。

- 遭殃、禍國殃民、池魚之殃

開得很繁盛的花

- 「央」含有大的意思，再加上「艹」偏旁表示花開得很繁盛、很漂亮。

- 英明、天縱英明、作育英才、英姿煥發

因光線的照射而顯出影像

- 太陽走到天空的中央，表示日照充足，物體的影像也會很容易顯現出來。

- 映襯、反映、倒映、映照、相映成趣

稻苗

- 「央」是指中央、居中的意思。農人在插秧時，必須將稻苗不偏不斜地插在泥土中央，稻苗才會生長良好。

- 秧苗、插秧、稻秧

àng

盎

央 ＋ 皿

充滿、盛大的樣子

- 「盎」字的下面是「皿」，所以一看就知道它本來的意思是跟器皿有關。「盎」的本義是一種口小腹大用來盛物的瓦器，因為這種瓦器的口部跟底部比較小、腹部比較大，因此必須將重心擺在正中央以保持穩定；而「盎」也有盛大的意思，因為它的腹部很大，可以容納較多的物體或液體。

- 瓦盎、盎然、興趣盎然

yāng

鞅

革 ＋ 央

套在馬頸上、用來駕馬的皮帶

- 「革」是指經過處理、去了毛的獸皮，質地柔韌。而駕馬的皮帶通常用皮革做成，並且要繫於馬頸的中央，這樣才好操控馬的行進。

- 牛鞅、解鞅

yāng

鴦

央 ＋ 鳥

一種經常成對出現的水鳥

- 鴛鴦是一種經常成對出現的水鳥，雄的叫鴛、雌的叫鴦，因為牠們經常成對出現，所以只看到鴦時，便等於只看到這種水鳥的一半。

- 鴛鴦、亂點鴛鴦

ⓠⓠ小站

　　你曾經聽過「揠苗助長」的故事嗎？你知道那些秧苗最後的結局是怎樣嗎？為什麼會發生這樣的結局呢？想一想。

包 的 家 族

「包」在古文中畫的是一個孕婦腹中有胎兒的樣子。「包」的同源字家族大多有「裹、覆」的意思，發音也相近。

bào
刨
包 + 刂

削

● 「刂」是「刀」字的另一種寫法，用刀子將被包裹的物體一層一層地削去，就是刨了。

● 刨土、刨絲、刨碎、刨木頭

bāo
孢
子 + 包

某些低等植物所產生的生殖細胞脫離母體後，可以直接發育成新的個體

● 利用孢子來繁殖的植物，通常有一個孢子囊，囊內有許多孢子，等待成熟裂開後發育成長，含有包覆孢子的意味。

● 孢子

bào
抱
扌 + 包

用手臂將人或物納入懷裏

● 用手臂將人或物納入懷裏，就像在懷中有一個胎兒那樣，即是「抱」。

● 抱歉、抱怨、懷抱、打抱不平、抱薪救火

páo
咆
口 + 包

怒吼

- 人或動物在怒吼的時候，就像是把一口很猛的氣衝出口，有盛氣包裹在裏面的意味。
- 咆哮

pào
泡
氵 + 包

內含氣體在水面上漂浮的球狀物

- 浮在水面上的氣泡，感覺就像有東西含在氣泡裏面一樣。
- 泡沫、泡影、氣泡、浸泡、電燈泡

bāo
胞
月 + 包

母體子宮中包在胎兒外面的薄膜

- 基本上「包」就是指正在人體中孕育的胎兒，加上「肉」偏旁，便強調這是包裹在胎兒外面的一層像肉一樣的薄膜，也就是俗稱的「包衣」。
- 胞兒、同胞、細胞、雙胞胎

bāo
苞
艹 + 包

花未開時包着花朵的小葉片

- 花苞是花還沒開時包着花朵的小葉片，看起來很像包裹住物體的樣子。
- 花苞、含苞待放

燒烤

- 「炮」的本義是燒烤，燒烤時將物體放在火中，就像用火包裹住物體一樣。後來「炮」字也用在炮竹上，而炮竹也是將火藥包在裏面，以便點火引燃。

- 炮火、鞭炮、如法炮製、一炮而紅

套在外面的長衣

- 袍是套在外面的長衣，所以有覆蓋的意思。

- 袍子、同袍、旗袍、長袍、龍袍

皮膚因毛細孔阻塞而長出的小疙瘩

- 長在皮膚上的小面皰，裏面有一些化膿的物質，從外觀看起來就像是皮膚包裹住東西而凸出的樣子。

- 面皰

一種兵器

- 古代的「砲」是以機牙裹住石頭，再將它發射到遠方攻擊敵人，有包裹石頭發射之意。

- 開砲、弩砲、馬後砲

pǎo
跑
足 + 包

快步走

- 「足」指的是腳,「包」在這是「刨」的省略。動物在快步行走時,就像是以腳來刨地一般。

- 跑步、奔跑、逃跑、賽跑、東奔西跑

báo
雹
雨 + 包

空中的水蒸氣遇冷凝結成冰雪、成塊狀自空中落下

- 冰雹是由冰雪凝結相裹成塊狀落下的,因此有冰雪包裹的意思。

- 冰雹

bǎo
飽
食 + 包

肚子被食物撐滿的感覺

- 肚子被食物撐滿,就是胃被食物整個塞滿了,而胃有包覆住這些食物的作用。

- 飽和、飽滿、大飽眼福、中飽私囊、飽食終日

QQ小站

　　你有看過冰雹嗎?你知道在怎樣的氣候條件下比較容易下冰雹嗎?假如你出門在外遇上了冰雹降落,該怎樣避免被冰雹擊中受傷呢?

句 的 家 族

「句」（音「鉤」）在古文中畫的是兩個彎曲的物體互相糾纏鈎合的樣子。「句」的同源字家族大多有「彎曲、終止」的意思。

gōu

佝

彳 + 句

背向前、向下傾屈

- 「佝僂」是一種軟骨病，得到這種病的人骨骼中缺少石灰成分，因此輕則雞胸駝背，重則站立不穩或無法行走，因此，就在「人」旁加有彎曲意思的「句」來表示這種病人的特徵。

- 佝僂

qú

劬

句 + 力

辛苦、勞累

- 「句」字有彎曲的意思，人在用力勞作時身體通常是彎曲的，因此「劬」便指辛苦勞作的意思。

- 劬勞

jū

拘

扌 + 句

逮捕

● 「句」有終止的意思，
加上「手」偏旁表示逮捕
嫌犯、使他不要再脫逃，
也有終止逃跑的意味。

● 拘泥、拘留、拘謹、
不拘小節、無拘無束

gǒu

耇

耂 + 句

老人

● 「耂」在這裏是「老」
字的省略。老人的背脊通
常是彎曲的，所以「耇」
就是指背脊彎曲的老人。

● 耆耇

qú

朐

月 + 句

乾肉的彎曲部

● 「月」是「肉」的另一種寫法，而「句」有
彎曲的意思，因此「朐」字便是指彎曲的肉
乾。

gòu

夠

多 + 句

達到一定程度、充足無缺

● 「句」有終止的意思，含有滿足的意味，而
「多」則容易讓人感到滿足無缺。

● 足夠、能夠、夠本、夠味、夠格

gōu **鉤** 金 + 句	**彎曲帶尖的器具，可用來懸掛或探取東西** ● 「句」字有彎曲的意思。鉤子通常是用金屬製成的，所以從「金」偏旁。 ● 掛鉤、鐵鉤、吊鉤、倒掛金鉤、鉤心鬥角
jū **駒** 馬 + 句	**小馬** ● 「駒」的本義是指兩歲的小馬，而「句」有彎曲的意思，小馬的肢體尚在生長，因此骨骼軟弱容易屈曲。 ● 良駒、白駒過隙

句

135

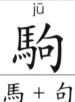 倉頡大仙一點靈

「句」有兩種讀音，發「鉤」（gōu）音時，表示彎曲的意思；發「據」（jù）音時則有終止的意思。

 QQ小站

你知道為什麼人老了通常容易彎腰駝背嗎？

氏 的 家 族

「氏」在古文中畫的是往土裏生長的植物根部。「氏」的同源字家族大多有「根本、低下」的意思，發音也相近。

dī

低

亻 + 氏

矮、不高

● 「低」的本義是指人的身體俯垂到地面，就像植物的根部往土裏生長一樣，所以身形就會比原來還矮。

● 低下、低廉、低頭、低聲下氣、眼高手低

dǐ

底

广 + 氏

物體最下面的部分

● 「广」在古文中畫的是一個靠着山壁建造的房子，再加上「氏」偏旁表示處於這房子最下面的部分。

● 底下、月底、到底、井底之蛙、釜底抽薪

dǐ

抵

扌 + 氏

用手排拒

● 「氐」是指植物的根，具有排開土壤往下或旁邊生長的能力，這裏是取用「排開」的意思，加上「手」偏旁便表示用手排開、排拒的意思。

● 大抵、抵抗、抵達、抵制、抵禦

達官貴人居住的房舍

- 「阝」就是「邑」，本義是指國家，而「邸」在古代則是指郡國王侯在都城所設置的宅第，可以提供王侯們朝見天子時居住，而國都也是宗廟設置的所在地，有一國之根本的意味，將宅第設置在國都也有以此為根本的意味。

- 府邸、官邸

樹根；事物的根本

- 基本上「氐」就已經有樹根的意思，加上「木」偏旁更加強調這是樹木的根本。

- 根柢、根深柢固、追根究柢

動物用角互相碰撞

- 「牜」是「牛」字的另一種寫法，牛喜歡以角互相碰撞，而「氐」是指植物的根深入土中，有到達的意思，牛用角觸碰其他動物或物體時，牛角也有到達物體的意味。

- 牴觸

短衣、汗衫

- 「袛」的本義是短衣，就是現在所稱的汗衫，因為汗衫是貼着身體穿在最裏面的衣服，所以也有基本衣物的意味。

- 袛裯

氐

138

dǐ 砥 石＋氐	**磨刀石**

磨刀石
- 磨刀石常放在刀劍之下，以方便刀劍磨利之用。
- 砥礪、中流砥柱

dǐ 羘 羊＋氐

公羊
- 古人養羊以十隻母羊配一隻公羊，因為公羊少了，母羊不容易受孕，多了則會造成混亂，而公羊主要是作配種用的，也是羊羣繁殖的根本。
- 羘羊

dǐ 詆 言＋氐

故意說人壞話；責備
- 當人在責備他人或說人壞話時，常常會追根究柢。
- 詆毀

你知道為什麼把刀子放在磨刀石上磨一磨，刀子就會變鋒利嗎？

羊 的 家 族

「羊」是一種溫馴的羣居動物，「羊」的同源字家族大多有「美、善、大」的意思，發音也大多相近。

yáng
佯
亻 + 羊

假裝；詐偽

● 「佯」的本義是詐，也就是故意偽裝欺騙人的意思。羊的本性很溫馴善良，凡是要欺騙人的人，外表通常會假裝溫柔善良，使人誤信，以便達到他的計謀。

● 佯裝、佯狂、佯笑、佯作不知

yáng
徉
彳 + 羊

安閒自在地來回行走

● 「彳」有行走的意思，加上「羊」偏旁便表示像羊一樣很安閒自在地在草地上走着。

● 徜徉

比海大的水域；盛大的、廣大的

- 「羊」是羣居的動物，因此聚集在一起，數量就會非常龐大，加上「水」偏旁表示這個水域的範圍非常廣大。

- 海洋、汪洋、洋娃娃、洋洋得意、遠渡重洋

古代學校的名稱

- 有「广」偏旁的字大多跟房屋有關。學校是教人為善的地方，因此就加上表示良善的「羊」在「广」裏頭。

- 庠序

燒烤

- 「烊」字現在多指商店晚上關門暫停營業，但是「烊」字最早的用法卻是指燒烤。其實從字形上也很容易了解，此字是由「火」和「羊」組成的，不就是拿火來燒烤羊肉嗎？

- 打烊

吉利的；和善的

- 古人很迷信，認為福禍都是由神鬼所降，所以有「示」偏旁的字通常跟神祇有關。而羊是溫馴善良的動物，個性溫和善良的人也容易招來福運。

- 祥和、祥瑞、吉祥、慈祥、龍鳳呈祥

xiáng

翔

羊 ＋ 羽

不鼓翅的飛行

● 鳥在天上展翅飛行，就像羊在草地上安閒漫步一樣，都是很美好的事。

● 飛翔、滑翔、翱翔

xiáng

詳

言 ＋ 羊

非常完備周密

● 在說話之前先思慮周密，則說出來的話便能符合事實，成為美善的言語。

● 詳細、詳情、詳盡、不厭其詳、耳熟能詳

羊

QQ小站

　　「羨慕」的「羨」字上面也有一隻羊，下面的「次」表示流口水，所以「羨」就是看到人家有好東西便流口水也想要。你知道為什麼人看到想要的東西便會流口水嗎？

共 的 家 族

「共」在古文中畫的是用兩隻手持拿着一個物體,「共」的同源字家族大多有「合、同、一起」的意思,發音也大多相近。

gōng

供

亻 + 共

給

- 用雙手持拿着一個物體給人,就是供給他人需要的東西。

- 供給、供應、供養、提供、供不應求

gǒng

拱

扌 + 共

雙手合抱來行禮

- 「共」字有合的意思,加上「手」偏旁便表示將雙手合抱在胸前,向他人恭敬地行禮。

- 拱橋、拱門、拱手讓人、拱手作揖、眾星拱月

hōng

哄

口 + 共

眾人同時發聲

- 這個字一看就很容易明瞭,「共」有合、一起的意思,加上「口」偏旁,便表示眾人同時張口發聲。

- 哄抬、哄騙、鬧哄哄、一哄而散、哄堂大笑

大水

- 把有會合意思的「共」，加上「水」而成的「洪」字，便表示大水是集合眾多細小水流而成的。

- 洪水、洪亮、洪流、洪福齊天、聲如洪鐘

態度誠懇有禮貌的樣子

- 「⺗」是「心」字的另一種寫法，加上「共」偏旁便表示用很謹慎、誠懇的心，將物體用雙手奉拿給他人。

- 恭喜、恭迎、恭敬、前倨後恭、兄友弟恭

用火烤乾或取暖

- 「共」有合、一起的意思。將物體靠近火烤乾或取暖，便表示物體與火相近，有同在一起的意味。

- 烘乾、烘培、烘烤、烘雲托月

給

- 「龔」字現在多用作姓氏，它的本義是「給」。「龔」字的上頭是「龍」，古人認為龍可以隨意變化形體，這裏取用隨意的意思，加上「共」偏旁表示將東西給予他人時，必須要順隨他人的願望、滿足他人的需求。

ＱＱ小站

　　世界各國的神話中，大多有大洪水的故事，西方最著名的大洪水故事就是「挪亞方舟」。你知道為什麼在諾亞方舟上載的動物都是成雙成對的嗎？

青 的 家 族

「青」是指草木剛生長出來的顏色，所以有美好的意思。「青」的同源字家族大多有美好的意思，發音也大多相近。

qiàn

倩
亻 + 青

美好的

● 「青」是指草木初生時的顏色，加上「人」偏旁用來表示青春洋溢的少男少女，正是一生中最甜美的時候。

● 倩女、倩影

qīng

清
氵 + 青

潔淨

● 水很美好，就是指水清澈、潔淨，可以拿來飲用或洗滌。

● 冷清、清白、一清二楚、冰清玉潔、清心寡慾

情 qíng

忄＋青

發自內心的感受

- 「青」在這裏是日出後天空的顏色，有顯而易見的意味。而人的感受由心所發，很容易顯現於外在的表現上，所以「情」字便從「心」偏旁。

- 友情、表情、風土民情、面無表情、羣情激憤

晴 qíng

日＋青

出太陽、不下雨的天氣

- 「日」是指太陽。天空中有太陽、天氣很好，便是晴天。

- 晴天、晴朗、晴空萬里、晴天霹靂、陰晴不定

菁 jīng

艹＋青

事物最精美、最有價值的部分

- 「菁」的本義是指韭菜花。因為韭菜是草本植物，所以有「艹」頭，而韭菜花是韭菜最精華的部分。

- 菁華、菁英、蕪菁、去蕪存菁

睛 jīng

目＋青

眼珠

- 眼珠子清澈明亮，可以清楚地看到物體就是「睛」。

- 眼睛、定睛、目不轉睛、火眼金睛、畫龍點睛

jīng

靖

立 + 青

平定；安定

- 「立」是一個人正面站着不動的樣子，因此有安定之意，加上「青」偏旁表示時局安定或是動亂被平定了，社會一片安定祥和。

- 平靖、安靖、靖亂

jīng

精

米 + 青

經過提煉或挑選的

- 「精」的本義是指經過揀選後的米，也是品質最好的米，所以「精」字引申有品質優良的意思。

- 精明、精打細算、龍馬精神、博大精深、勵精圖治

qǐng

請

言 + 青

懇求、乞求

- 「青」在這裏是「情」的省略，表示向人懇求或乞求必須要動之以情。而請求時也要以言語說動人心，所以「請」字從「言」旁。

- 請命、請客、請假、請君入甕、負荊請罪

liàng

靚

青 + 見

美

- 這個字是目前比較常用在廣東人形容漂亮的女孩子時，從「靚」字的形體解釋，「見」有看見的意思；「青」則是有美好的意思。一個人最容易被人看見的就是容貌，所以第一眼就看到這個人的容貌是美好的，便表示此人是個美人。

- 靚女、靚妝

青

147

jìng

靜

青 + 爭

停止不動；沒有聲音

● 「爭」有相爭、爭執之意，加上表示有美好意思的「青」偏旁，便有讓爭執化解、彼此安靜相處的意味。

● 安靜、動靜、平心靜氣、夜闌人靜、風平浪靜

diàn

靛

青 + 定

深藍色

● 「定」有安定的意思。青色的顏料是由藍草提煉出來的，「靛」字即是指以藍草提煉出來的汁液來染色，這樣的色澤較穩定並且不易褪色。

● 靛青、靛藍

俗話說「青出於藍而勝於藍」，你知道這句話的意思嗎？它跟閩南俗語的「歹竹出好筍」是不是同樣的意思？為什麼？

長 的 家 族

「長」在甲骨文中畫的是一個人留着長長的頭髮，「長」的同源字家族大多有「久、遠、高、盛多」的意思，發音也大多相近。

chāng

倀

亻 + 長

被老虎役使的鬼

- 「倀」的本義是狂，也就是指精神失常、行為狂放的人，而人發狂則容易披頭散髮、不修飾儀容。

- 倀鬼、為虎作倀

chàng

悵

忄 + 長

失望

- 人在失望的時候心中會產生怨恨、不滿足的情緒，而這種情緒常常會蔓延、縈繞在心中許久的時間。

- 惆悵、悵然、悵惘

zhāng
張
弓 + 長

打開

- 「張」字的本義是拉開弓弦。當弓弦被拉開時會比原先要長許多，因此便有一種增長的效果。

- 主張、紙張、張開、明目張膽、張牙舞爪

zhàng
帳
巾 + 長

作為屏障或遮護用的幕篷

- 「巾」是一種長長的布條。古代的帳幕多用布縫製而成，長長的帳幕可以張開當作遮蔽的用具。

- 帳篷、營帳、秋後算帳

zhàng
脹
月 + 長

腹部膨大

- 古人認為胃也是肉做的，而胃裏裝滿食物時就會膨大，所以就合「月」（肉）與表示盛多意思的「長」來表示腹部膨大。

- 脹痛、腫脹、膨脹、熱脹冷縮、頭昏腦脹

zhǎng
漲
氵 + 張

水量增加、瀰漫

- 「張」的本義是拉滿弓弦，加上「水」偏旁表示水滿，水滿就容易溢出來到處瀰漫了。

- 上漲、高漲、飛漲、水漲船高

<table>
<tr><td>

zhàng

賬

貝 + 長

</td><td>

記載財物的簿冊

- 「貝」是一種古代的貨幣，可以鑽洞繫繩方便攜帶，在這裏用來指財物；而記賬的簿冊需要核對與計算，也有前後貫串、統整查算的意思。

- 付賬、賬單、結賬、賒賬

</td></tr>
</table>

長

倉頡大仙一點靈

「賬」與「帳」字在指財物時可以通用，譬如「付賬」（付帳），其他時候則不可通用。

QQ小站

把一杯水倒滿到杯緣的部分，你會看到水的表面好像有鼓起繃緊的感覺，這時再倒一滴水進去，水就會溢出往下流，而且表面也會變平坦，為什麼會這樣呢？

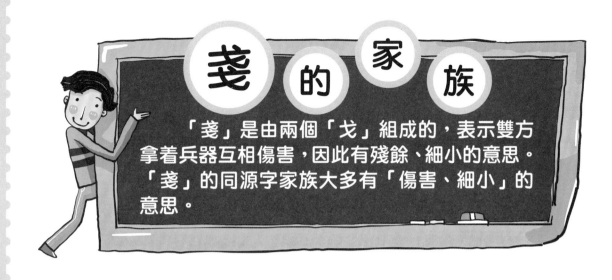

戔 的 家 族

「戔」是由兩個「戈」組成的，表示雙方拿着兵器互相傷害，因此有殘餘、細小的意思。「戔」的同源字家族大多有「傷害、細小」的意思。

qiǎn

淺

氵 + 戔

不深

● 水少、不深就是「淺」。

● 膚淺、淺談、目光短淺、淺顯易懂、深入淺出

cán

殘

歹 + 戔

不完整的

● 「歹」是剔除肉以後剩下來的骨頭，相對於整體便顯得有所欠缺、不完整，加上「戔」偏旁便是強調傷害和缺少的特性。

● 殘暴、殘破、自相殘殺、苟延殘喘、斷簡殘篇

用木板編成的棚子

- 用許多已經剖成一片片的木板交叉編成牢固的棚子，就是可以供人或動物休息的小棧。

- 客棧、戀棧、棧道

小杯

- 「皿」是盛酒漿的器皿，加上「戔」偏旁表示這個器皿是淺小的。

- 把盞、茶盞、酒盞、燈盞

信札、名片

- 古代常以竹簡當作書寫的工具，因此「箋」便是指薄小的紙片，可用來寫書信或是當作名片使用。

- 短箋、信箋

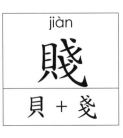

價錢低、地位低下

- 「貝」是古代交易的貨幣，加上有少、小的「戔」偏旁，便表示這貨物的價格很低。

- 賤賣、賤價、卑賤、貧賤、低賤

踏踩

- 「𧾷」是指腳。將腳踏踩在物體上，這個物體便會受到傷害。

- 踐踏、實踐、作踐

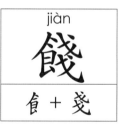

qián

錢

金 + 戔

貨幣的通稱

- 古代貨幣的算法以十錢為一兩，二十兩或萬錢為一金，所以「錢」是價值很小的貨幣單位。

- 工錢、花錢、金錢、零用錢、見錢眼開

jiàn

餞

食 + 戔

送別時的酒食

- 古代送別時的酒食通常是設置在路亭裏，因此很難準備太多，而送別時主要是表達離情依依，所以也很少食用。

- 餞行、餞別、蜜餞

QQ小站

你知道中國古代總共用過哪些東西來當作交易的貨幣嗎？每個朝代使用的貨幣都一樣嗎？

侖 的 家 族

「侖」在古文中畫的就是將簡冊聚集起來，讓它條理分明、易於閱讀，因此「侖」的同源字家族大多有「條理、次序」的意思，發音也相近。

lún

倫

亻 + 侖

人類相處的關係和道理

- 人倫有輩分高低的分別，就像編成簡冊的竹片一樣，也是有先後次序的。

- 天倫、倫理、
  不倫不類、
  無與倫比、
  語無倫次

lún

淪

氵 + 侖

小波

- 「淪」的本義是小波，也就是水面上因風而起的小波紋，而小波紋通常是很有條理層次的向外蕩漾開來。

- 淪陷、淪落、淪喪、淪亡、沉淪

lún

掄

扌＋侖

選擇

- 用手擇取東西，必須按照東西的類別來選取，也就是井然有序的選取。

- 掄材、掄魁

lún

綸

糸＋侖

青色的絲帶

- 「綸」字的本義是指秦漢時俸祿百石以上的官吏用來佩戴的大絲帶，這種大絲帶是加上青絲繩辮糾合成的，而要糾合絲帶必須要依照次序、條理分明地處理才行。

- 綸巾、滿腹經綸

lùn

論

言＋侖

分析事情加以說明

- 當人要將事理分析清楚、說明給他人聽的時候，一定要言語有條理，這樣聽的人才能夠明白。

- 論文、言論、爭論、議論紛紛、平心而論

lún

輪

車＋侖

車船或機器上可供旋轉運作的圓形物

- 古代的車輪中間都有多根直木，用來支撐車軸與輪框，而這些直木都是按照次序、一根一根很有條理的排列整齊。

- 車輪、貨輪、輪流、輪廓、輪船

倉頡大仙講古

　　【綸巾】「綸」字在使用於「綸巾」這個詞時，讀作「關」。綸巾是古時候一種用青絲做成的頭巾，相傳是諸葛亮發明的，所以又稱為「諸葛巾」。

QQ小站

　　你知道為什麼劉備必須「三顧茅廬」才請得動諸葛亮嗎？假如你是諸葛亮，你願不願跟隨劉備，幫助他打天下，最後鞠躬盡瘁而死呢？為什麼？

卑 的 家 族

「卑」在古文中畫的是一個人手中拿着瓦器在做事，因此「卑」的同源字家族多有「低下、微賤」的意思，發音也相近。

bǐ

俾

亻 + 卑

使；幫助

● 「俾」的本義是對人有所幫助，也就是為人做事的意思。

● 俾使、俾然、俾能自立

bì

婢

女 + 卑

供人使喚的女侍

● 供人使喚的女侍身份必定比較低微，因此便在「女」旁加上「卑」，用來表示她的身分低下，從事的工作微賤。

● 奴婢、奴顏婢膝、婢女

pí

埤

土 + 卑

低下潮濕的地方

● 在「土」旁加上表示低下的「卑」字，便表示這塊土地是比較低下的。

● 水埤

人體的五臟之一

- 「卑」有低下的意思。在人體中，脾臟位於胃的下方，所以古人認為脾臟可以幫助胃消化食物。

- 脾氣、脾胃、脾臟、沁人心脾

刻有文字或圖畫，豎起來作紀念物的石頭

- 最早的碑大多是以低矮的石頭來豎立，以方便記事。

- 立碑、石碑、墓碑、碑帖、有口皆碑

肢體產生麻木或疼痛的感覺，不能隨意活動

- 當人的身體產生麻痺的感覺時，肢體常會彎曲着，於是跟原來正常時候的身體相比，便有較為低矮的感覺。

- 麻痺

輔助、助益

- 「裨」的本義是助益，也就是做衣服遇到布帛不足時，就拿其他的布帛來接續。而在表示衣服的「衤」旁加上有低下意思的「卑」，是因為原本做衣服用的布帛大多是完整的，而用來接續的布帛則多為零散的緣故，而這零散的布帛比起完整的來說，又有一種較次等的意味。

- 裨益

QQ小站

你知道為什麼地勢低下的地方，往往也容易潮濕嗎？想想看。

「昜」的本義是指雲開日見，因此「昜」的同源字家族，大多會有「高、大、明」的意思。

yáng
陽
阝 + 昜

日光

- 「阝」是「阜」的另一種寫法，指高平無石的山。日光照在高平無石的山上，完全沒有阻礙，四周當然一片明亮啦！

- 陽光、三陽開泰、陰陽怪氣、陰錯陽差、陽奉陰違

yáng
揚
扌 + 昜

舉高

- 「扌」是手，將手上的東西舉高，這個東西便容易被人看見。

- 宣揚、弘揚、趾高氣揚、名揚四海、分道揚鑣

tāng
湯
氵 + 昜

熱水

- 水被太陽照射，水溫便會上升，所以「湯」就是溫度比較高的水。

- 湯匙、湯藥、羅宋湯、赴湯蹈火、固若金湯

chǎng
場
土 + 昜

寬廣的平地

● 「場」在古代是指祭神用的廣場，必須要寬廣來表示對神的敬意，所以就有了「大」的特性。

● 場地、廣場、臨場、粉墨登場、虛驚一場

yáng
楊
木 + 昜

一種種類繁多的楊柳科植物

● 「楊」是一種種類繁多、容易生長的植物，因此便有「繁盛」的特性。

● 垂楊、水性楊花、百步穿楊

火勢猛烈

- 「昜」是「陽」字最早的寫法，而太陽本身就會發出光和熱，再加上「火」偏旁，這火勢便一發不可收拾的猛烈了。
- 煬金、煬鐵

潰爛

- 人的皮膚或器官受到細菌感染時，便會潰爛，而潰爛的範圍也非常容易擴散、增大，因此在表示疾病的「疒」旁加上「昜」，用來指出這種病症的擴散特性。
- 潰瘍、胃潰瘍

被風吹起

- 物體被風吹起時，會高高地揚起，所以，「颺」字便有了「高」的特性。
- 遠颺

　　太陽是我們最容易見到的天體，你知道為什麼太陽會源源不絕地發出光和熱嗎？太陽的熱能會不會消耗殆盡呢？

gōu

溝

氵 + 冓

水道

● 古時候用溝渠來灌溉農作物，而溝渠即是縱橫交錯的水道。

● 山溝、水溝、代溝、海溝、溝通

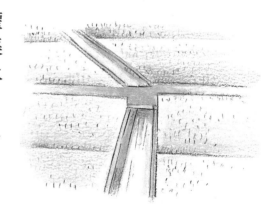

gōu

搆

扌 + 冓

伸長手臂拿取東西

● 伸長手臂拿取東西，使手跟物品有所交會，就是「搆」。

● 搆怨、搆亂、搆木為巢

gòu

媾

女 + 冓

男女結合、婚事

● 男女結為夫妻，彼此必須像交疊的木材一樣彼此配合，婚姻才會永久堅固。

● 媾和、婚媾、姻媾

gòu

構

木 + 冓

建造

- 古代的房子內部大多是用木材所建造成的，而要建屋必須使木材縱橫配合，房子蓋起來才會牢固。

- 構造、構成、構圖、構想、構思

gòu

遘

辶 + 冓

遇見、碰到

- 「辶」是指行走的意思。在路上行走的時候，與人或物有所交會，便是遇見人或碰到物體了。

- 遘禍、遘難

gòu

購

貝 + 冓

用錢財買進貨物

- 「貝」是一種古代的貨幣。用錢財買進貨物，便是使錢財與貨物有所交會，買方與賣方各取所需。

- 購買、收購、選購、訂購、採購

jiǎng

講

言 + 冓

述說

- 講話是為了把自己的意思傳達給對方知道，因此便是使自己的言語跟他人的言語或心思有所交會。

- 講話、講究、講座、講求、演講

倉頡大仙一點靈

「講」字的發音在廣東話及普通話中和其他「冓」家族的字發音差別很大，但用閩南語來唸，它跟其他「冓」家族的字，發音其實是很相近的。

QQ小站

「貝」既然是一種古代的貨幣，那麼是不是任何一個在海邊撿到的貝類都可以拿來當作貨幣、買東西呢？

冓

166

「敖」字在古文中是由「出」和「放」組成的，因此有出遊之意。「敖」的同源字家族，大多有「出放、留連」的意思，發音也相近。

ào
傲
亻 + 敖

自大、不屈服

- 「敖」是由「出」和「放」組合成的，含有肆無忌憚的意味，而人一旦自大，也容易放肆不講理。

- 驕傲、孤傲、傲慢、心高氣傲、恃才傲物

áo
嗷
口 + 敖

形容多人或動物呼叫哀嚎的聲音

- 當人或動物在呼叫哀嚎時，心思往往驚慌失措，常會六神無主地亂走。

- 嗷嗷待哺

áo
遨
辶 + 敖

遊玩

- 基本上「敖」字已經有出遊的意思，再加上有行走意味的「辶」偏旁，更加強調了到處遊玩的意思。

- 遨遊

用溫火慢慢地煮

- 用溫火慢慢地煮東西時，一定要讓物體停留在火上許久時間，因此含有留連的意味。

- 煎熬、熬夜、熬藥、難熬

一種體大兇猛的狗

- 獒犬是大型且兇猛的狗，可協助人打獵，因此常在外追逐獵物，含有出遊的意味。

- 獒犬

螃蟹等節肢動物的第一對腳

- 「虫」偏旁的字，大多和昆蟲、小動物有關。而螯是螃蟹等節肢動物的第一對腳，形狀跟鉗子很像，主要用來拿取食物和抵禦敵人、保護自己，而「敖」有出遊的意思，蟹螯位於螃蟹身體的最前方，也有不斷向前探索、引導身體前進的意味。

- 蟹螯

為什麼螃蟹總是橫着走呢？假如蟹螯不小心斷了，會不會再長出新的呢？

喿 的 家 族

「喿」在古文中畫的是很多鳥聚集在樹上一起鳴叫。「喿」的同源字家族大多有「擾動、傾全力」的意思，發音也相近。

zǎo

澡

氵 + 喿

沐浴、清洗身體

- 古人難得洗身體，因此在洗澡的時候，都要特別用力地將全身污垢清洗乾淨。

- 洗澡、擦澡、澡堂、澡盆

cāo

操

扌 + 喿

把持；勞神費心

- 「扌」是手，「喿」有傾全力的意思，因此「操」便是完全掌握、傾全力把持，引申有勞神費心的意思。

- 操場、節操、同室操戈、操之過急、穩操勝券

zào

噪

口 + 喿

喧鬧；雜亂刺耳的聲音

- 基本上「喿」字就已能夠表現出羣鳥聚集在樹上、一起鳴叫所造成的嘈雜聲音了，加上「口」偏旁更加強調雜亂的聲音是由口所發出的。

- 噪音、聒噪、名噪一時、聲名大噪

zào

燥

火 + 喿

乾枯、缺少水分

- 物體被火烤得焦乾，便很容易炸裂開來，而裂開時又會發出嗶剝響的噪音。

- 乾燥、枯燥、燠燥、燥熱、天乾物燥

sāo

臊

月 + 喿

腥臭的氣味

- 「臊」的本義是指動物油脂的一種特殊臭味。「月」是肉的另一種寫法；「喿」是羣鳥聚集樹上鳴叫，嘈雜的聲音能夠傳播到很遠的地方，就像油脂發出的臭味也是能夠傳遞到很遠一樣。

- 害臊、腥臊、羊臊味

zào

躁

足 + 喿

性急；擾動不安

- 「足」是指腳，有走動的意思，加上「喿」偏旁便表示舉動疾急、不安。

- 毛躁、浮躁、急躁、暴躁、心浮氣躁

zào

譟

言 + 喿

人言嘈雜

- 「言」字有言語、說話的意思，加上「喿」偏旁便表示人言嘈雜。

- 鼓譟、譟呼

QQ小站

　　用火來烤乾物體，物體乾燥了，那麼原本存在物體內部的水分都跑哪兒去了？

龍

龍的家族

「龍」是一種中國古代傳說中的神奇動物。「龍」的同源字家族大多有「大、長、高」的意思，發音也相近。

---

lóng

嚨

口 + 龍

咽喉

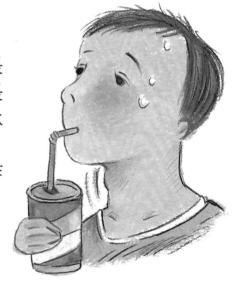

- 龍的形體是很修長的，這裏取用修長的意思。咽喉上承口腔，所以「嚨」字便以「口」當作它的偏旁。

- 喉嚨

---

lǒng

攏

扌 + 龍

聚合

- 古代相傳龍起雲湧，就是指龍升騰上天時，雲都會湧聚在一起，這裏取用攏聚的意思，加上「手」偏旁便表示用手將物體聚合在一起。

- 合攏、拉攏、靠攏、圍攏、談攏

墳墓；田中高地

- 「壟」的本義是指圍在墳墓外邊的矮牆，這種矮牆必須依照墳墓的大小和地形來圍繞，因此形體往往是彎曲的，就像龍盤繞多變化的形體一樣。

- 壟斷

尊貴；偏愛

- 「寵」的本義是指尊貴的人所居住的地方，有「宀」偏旁的字大多跟房屋有關。古人認為龍能夠飛騰變化，是一種很尊貴稀有的動物，所以「寵」就是給尊貴的人居住的地方，現在多取用「尊貴」的意思，而人只要身份尊貴便容易被人偏愛。

- 寵愛、寵物、譁眾取寵、恃寵而驕、受寵若驚

巨大的

- 「龐」本義是指高屋，因為「广」偏旁的字大多與屋宇有關，而龍在古代是一種神獸，可以一飛沖天，所以「龐」字便表示高大的屋宇，現在多取用高大、巨大的意思。

- 臉龐、面龐、龐大、龐雜、龐然大物

lóng

朧

月 + 龍

月色昏暗的樣子

- 古人認為龍是一種時隱時現的神獸，而月亮被雲氣遮蔽時，也是時隱時現、昏暗不明的。

- 朦朧

lóng

籠

⺮ + 龍

用來盛放東西的竹器

- 古人認為龍善於飛騰變化、動作迅速敏捷，這裏取用迅速敏捷的意思，而以前盛放東西的輕便器皿通常用竹編成，所以「籠」便是指用竹編成來盛放東西，以方便東西被迅速敏捷搬運的器皿。

- 籠罩、牢籠、回籠、鐵籠、燈籠

lóng

聾

龍 + 耳

無法聽到聲音

- 「龍」在這裏是「籠」字的省略，指有聽覺障礙的人就像是耳朵被蒙在籠子裏一樣，沒辦法聽到聲音。

- 耳聾、聾啞、震耳欲聾、裝聾作啞、振聾發聵

QQ小站

你知道為什麼中國人要稱自己是「龍的傳人」嗎？

繬 的 家 族

「繬」本義是整理絲線。「繬」的同源字家族大多有「連續不絕、治理、紛亂」的意思，發音也大多相近。

luán 巒 繬 + 山	**連綿起伏的山脈**
	● 「繬」有連綿不絕的意思，加上「山」偏旁便表示這山脈是連綿起伏的。
	● 山巒、峯巒、層巒疊嶂

luán 孿 繬 + 子	**雙胞胎**
	● 「繬」有連續的意思，雙胞胎是一胎生兩個小孩，所以也有連續生下孩子的意味。
	● 孿生、孿生子

wān 彎 繬 + 弓	**曲的、不直的**
	● 「彎」的本義是拉弓。把弓拉開以便將箭搭在弓弦上準備射出，含有整理弓弦以便發射的意味。
	● 彎曲、彎度、轉彎、彎腰駝背、拐彎抹角

<table>
<tr><td>

luán

欒

絲 + 木
</td><td>

一種無患子科的植物

● 欒樹是一種結實眾多的樹，因此有後代連綿不絕的意味。

● 欒樹
</td><td></td></tr>
</table>

<table>
<tr><td>

luán

攣

絲 + 手
</td><td>

手腳彎曲不能伸直

● 「攣」是一種手腳彎曲不能伸直的病，得到這種病症則手腳長時間不能伸直，也有連續不絕的意味。

● 痙攣
</td></tr>
</table>

<table>
<tr><td>

liàn

戀

絲 + 心
</td><td>

思慕；懷念不捨之情

● 「絲」有連續不絕的意思。思慕一個人時，內心對他的懷念不捨之情，也是會連續不絕的。

● 失戀、眷戀、戀愛、戀慕、戀戀不捨
</td></tr>
</table>

<table>
<tr><td>

biàn

變

絲 + 攵
</td><td>

更改

● 「絲」有治理某事之意，而「攵」在古文中畫的是用手拿着一根木棍，含有施力使其有所作為的意味，所以「變」就是對於目前的狀況施力來治理它、使它有所更改。

● 改變、變化、變遷、瞬息萬變、處變不驚
</td><td></td></tr>
</table>

luán 臠 䜌 + 肉	**塊狀的肉**
	● 「䜌」有治理、處理某事的意思，而塊狀的肉也是經過處理過的肉。
	● 禁臠

mán 蠻 䜌 + 虫	**古代稱南方的種族；粗野、不講理**
	● 古代以中原為中心，而南方多蟲蛇、民智未開、又多有紛亂的事，所以便稱南方的種族為「蠻」。
	● 蠻幹、蠻橫、蠻荒、野蠻、刁蠻

wān 灣 氵 + 彎	**水流的曲折處**
	● 「彎」有曲折的意思，加上「水」偏旁便表示這水流是曲折的。
	● 港灣、海灣、波斯灣、淺水灣

luán 鑾 䜌 + 金	**古代繫在馬車上的鈴鐺**
	● 「鑾」的本義是指繫在馬車上的鈴鐺。當馬車在行走時鈴鐺聲便會響起，不絕於耳，而鈴鐺是用金屬製成的，所以「鑾」便從「金」旁。 
	● 鑾駕、金鑾殿

QQ 小站

你有看過雙胞胎嗎？你認為每一對雙胞胎的外表和想法都一模一樣嗎？假如你也是雙胞胎中的其中一個，你喜不喜歡父母把你們作同樣的打扮呢？為什麼？

文字小博士

看圖猜字連連看：請看圖連到相對應的字，並寫出那個字的部首。

- 尿（ ） • 拳（ ） • 夾（ ） • 休（ ） • 跨（ ）
- 忠（ ） • 瞪（ ） • 跳（ ） • 拉（ ） • 唱（ ）

成語填充

人			
	人		
		人	
			人

耳			
	耳		
		耳	
			耳

手			
	手		
		手	
			手

口			
	口		
		口	
			口

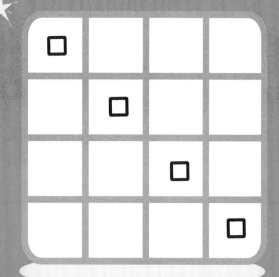

181

連連看：請把家族成員字連到部首族長處。

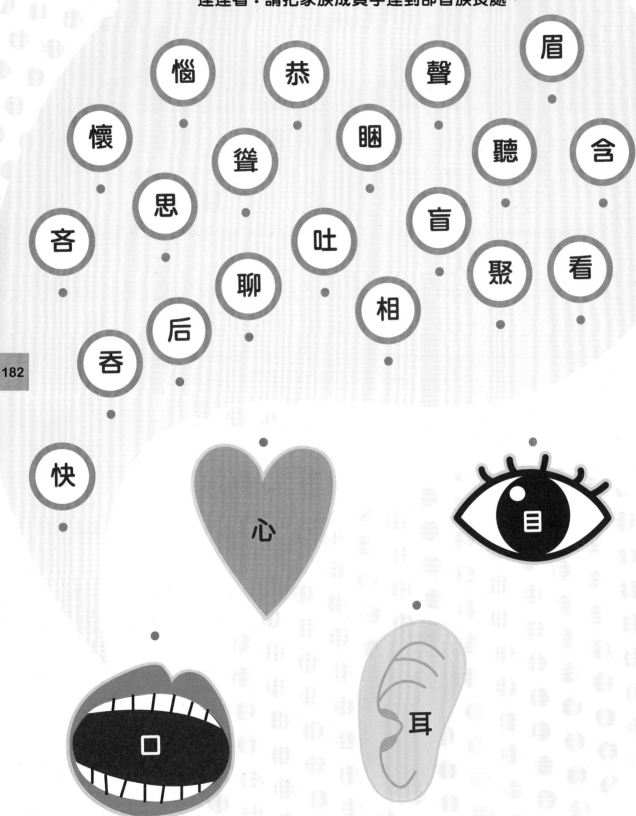

182

「頁」家族舉辦了一場化妝舞會，每個族人都要把身上的「頁」換成另一個部件，猜猜看他們各自換裝了什麼部件？

頭 ▶ 逗　換了（　　）部件

頂 ▶ 釘　換了（　　）部件

題 ▶ 提　換了（　　）部件

頸 ▶ 徑　換了（　　）部件

領 ▶ 零　換了（　　）部件

頌 ▶ 訟　換了（　　）部件

頓 ▶ 盹　換了（　　）部件

頻 ▶ 涉　換了（　　）部件

顆 ▶ 棵　換了（　　）部件

願 ▶ 源　換了（　　）部件

文字國發生了超級強震，把許多字給震得解體了，請你幫忙把這些解體的部件組合起來，恢復它們原本的面貌。

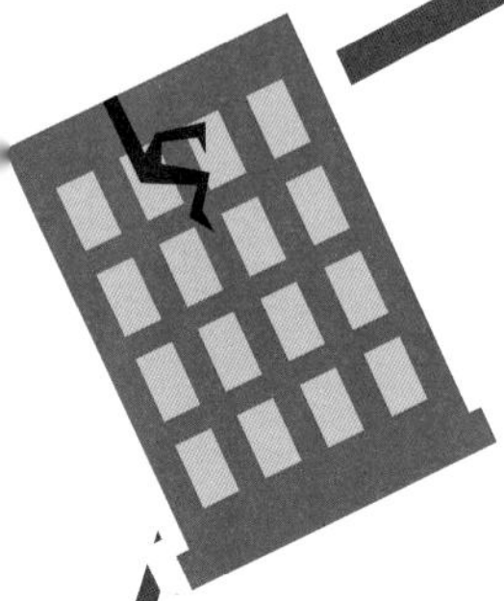

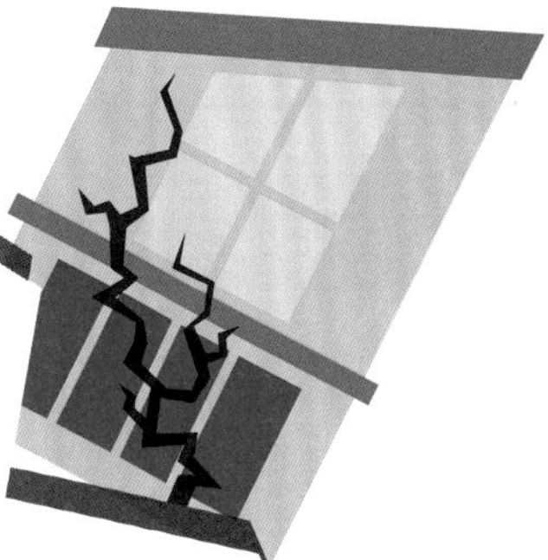

氵⋯⋯戶⋯⋯犬 ▶（淚）

尸⋯⋯示⋯⋯寸⋯⋯心 ▶（　）

亻⋯⋯亻⋯⋯寸⋯⋯广 ▶（　）

文⋯⋯厂⋯⋯彡⋯⋯頁 ▶（　）

口⋯⋯止⋯⋯匕⋯⋯角 ▶（　）

心⋯⋯忄⋯⋯立⋯⋯日 ▶（　）

口⋯⋯止⋯⋯羽⋯⋯隹 ▶（　）

扌⋯⋯火⋯⋯宀⋯⋯火⋯⋯力 ▶（　）

口⋯⋯口⋯⋯口⋯⋯口⋯⋯木 ▶（　）

人⋯⋯人⋯⋯人⋯⋯一⋯⋯亻 ▶（　）

日⋯⋯幺⋯⋯幺⋯⋯灬⋯⋯頁 ▶（　）

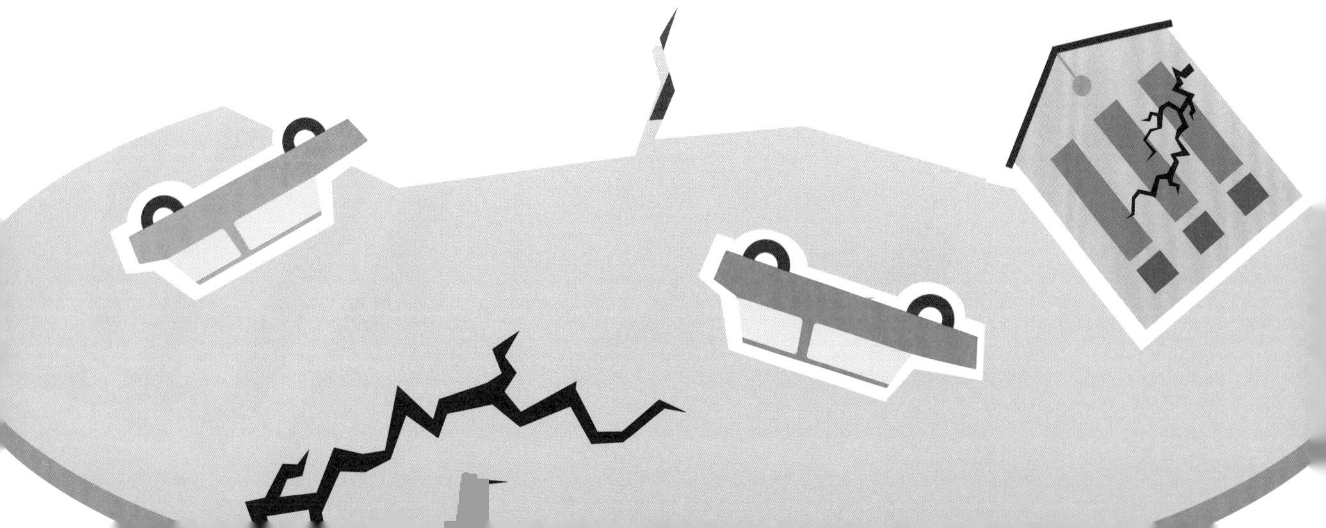

把文字加加減減後產生的新字寫下來，
並造詞。

精—（　）＋目＝睛 ▶ （　　　）

（　）—氵＋礻＝祥 ▶ （　　　）

煬—火＋土＝（　） ▶ （　　　）

（　）—弓＋巾＝帳 ▶ （　　　）

殃—歹＋艹＝（　） ▶ （　　　）

（　）—金＋木＝棧 ▶ （　　　）

翅—（　）＋扌＝技 ▶ （　　　）

講—言＋（　）＝購 ▶ （　　　）

松—木＋羽＝（　） ▶ （　　　）

哄—口＋小＝（　） ▶ （　　　）

連連看並填字：第一區和第二區所標示的都是某個文字的其中一個部件，請從這兩區選出適合的相連成「字」，並把那個字寫出來。

第一區　敖　侖　句　卑　龍

第二區　言　口　車　犬　广　馬　虫　石　疒　宀　金

（　）（　）嗷（　）（　）（　）（　）（　）（　）（　）

這裏有一個迷宮，只要照着相同部首的字往前走，就可以走出迷宮了。

易混字大對決：

請從上面的提示字中，選一個正確的字填入（　）中。

噪　燥

- 樓上的鄰居常製造（　　）音。
- 天乾物（　　），小心火燭。

訟　頌

- 她用詩歌來讚（　　）神。
- 這個案件已經進入訴（　　）程序。

佯　徉

- 大野狼（　　）裝成綿羊的樣子。
- 這隻羊很悠閒的在草地上徜（　　）。

技　枝

- 樹（　　）迎着陽光朝天空伸展。
- 這個得獎人的（　　）藝超群。

恃　侍

- 他仗（　　）着官威欺負人。
- 這個嬌嬌女被服（　　）慣了。

「包」家族被抗議太強勢了，於是原本跟他們搭檔的部首紛紛出走，你能認出這些部首的原貌嗎？

苞→部首原貌： 艸

胞→部首原貌：（ ）

雹→部首原貌：（ ）

飽→部首原貌：（ ）

刨→部首原貌：（ ）

抱→部首原貌：（ ）

袍→部首原貌：（ ）

炰→部首原貌：（ ）

泡→部首原貌：（ ）

字詞串丸子：寫出下列文字的部首，並造詞。

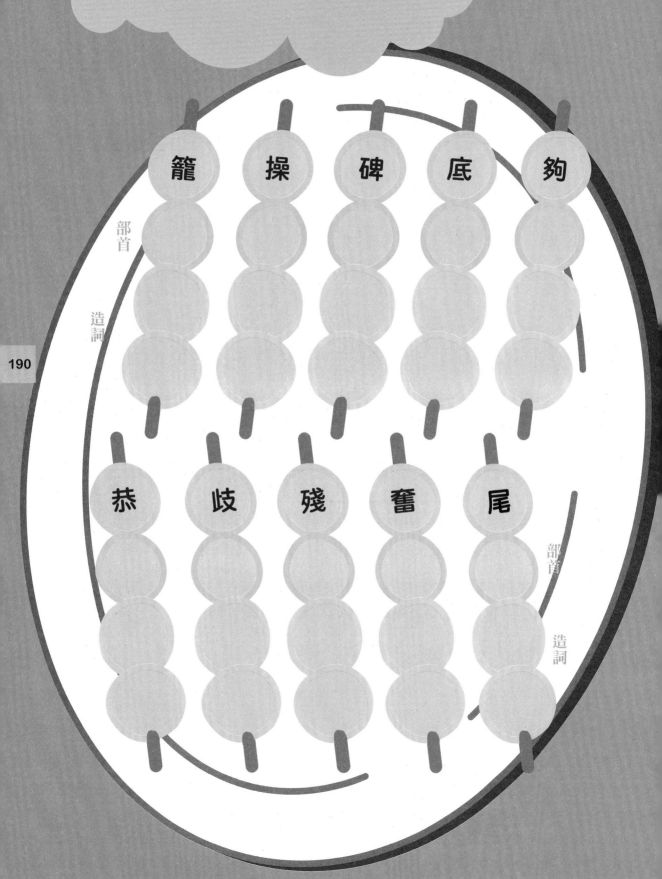

籠　操　碑　底　夠

部首

造詞

恭　歧　殘　奮　尾

部首

造詞

「氏」家族和「氐」家族因為長得太像，常常被誤認，所以這兩個家族的族長決定合辦一個辨識大會，只讓族人保留非部首的部件出場，請來賓辨別看看這個部件到底該配上「氏」還是「氐」才能成為一個完整的字，你也來玩玩這個辨識遊戲吧！

氏　氐

糸
（　）

舌
（　）

言
（　）

木
（　）

羊
（　）

亻
（　）

礻
（　）

石
（　）

衤
（　）

阝
（　）

广
（　）

牛
（　）

扌
（　）

部首變形術：下面這些部首只要跟其他文字組成一個合體字時，部首就會改變，請你寫出含有這個部首變形後的字。（不會的部首可以查字典哦！）

人——（仁）、（　）

手——（　）、（　）

心——（　）、（　）

足——（　）、（　）

牛——（　）、（　）

犬——（　）、（　）

网——（　）、（　）

羊——（　）、（　）

辵——（　）、（　）

攴——（仁）、（　）

請你根據圖畫的提示，跟正確的「丁」家族字相連，並造一個詞。

釘・

叮・

疔・

酊・

頂・

訂・

有些字的部首很調皮，喜歡玩躲貓貓的遊戲，你能找出這些字分別屬於什麼部首嗎？

企——（　）部

央——（　）部

尺——（　）部

盾——（　）部

聚——（　）部

名——（　）部

拳——（　）部

可——（　）部

天——（　）部

尼——（　）部

疊牀架屋組文字：請跟從下面的部件提示，組出一個文字。

女＋又→（　　）＋心→（　　）

尸＋至→（　　）＋扌→（　　）

戈＋戈→（　　）＋皿→（　　）

弓＋長→（　　）＋氵→（　　）

重＋力→（　　）＋忄→（　　）

酉＋寸→（　　）＋足→（　　）

口＋貝→（　　）＋扌→（　　）

咸＋心→（　　）＋忄→（　　）

扌＋斤→（　　）＋口→（　　）

月＋月→（　　）＋山→（　　）＋足→（　　）

口＋口＋口→（　　）＋木→（　　）＋氵→（　　）

文字小博士答案

看圖猜字連連看：請看圖連到相對應的字，並寫出那個字的部首。

尿（尸） 拳（手） 夾（大） 休（人） 跨（足）
忠（心） 瞪（目） 跳（足） 拉（手） 唱（口）

成語填充

人	云	亦	云
出	人	頭	地
膾	炙	人	口
一	鳴	驚	人

耳	提	面	聽
洗	耳	恭	聽
掩	人	耳	目
交	頭	接	耳

手	不	釋	卷
七	手	八	腳
眼	高	手	低
上	下	其	手

口	是	心	非
信	口	開	河
目	瞪	口	呆
良	藥	苦	口

連連看：請把家族成員字連到部首族長處。

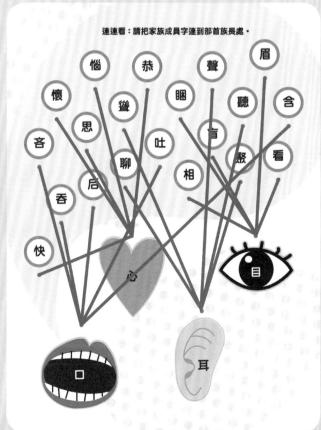

惱 恭 聲 眉
懷 聳 睏 聽 含
吝 思 吐 看
聊 盲 聚
后 相
吞
快

「頁」家族舉辦了一場化妝舞會，每個族人都要把身上的「頁」換成另一個部件，猜猜看他們各自換裝了什麼部件？

頭 ▶ 逗 換了（辵）部件
頂 ▶ 釘 換了（金）部件
題 ▶ 提 換了（手）部件
頸 ▶ 徑 換了（彳）部件
領 ▶ 零 換了（雨）部件
頌 ▶ 訟 換了（言）部件
頓 ▶ 盹 換了（目）部件
頻 ▶ 涉 換了（水）部件
顆 ▶ 棵 換了（木）部件
願 ▶ 源 換了（水）部件

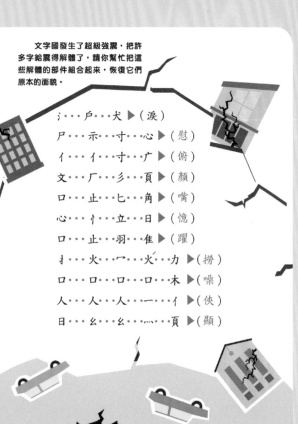

文字國發生了超級強震，把許多字給震得解體了，請你幫忙把這些解體的部件組合起來，恢復它們原本的面貌。

氵…戶…犬 ▶（淚）
尸…示…寸…心（慰）
亻…亻…寸…广（俯）
文…厂…彡…頁（顏）
口…止…匕…角（嘴）
心…忄…立…日（憶）
口…止…羽…隹（躍）
扌…火…宀…火…力（撈）
口…口…口…口…木（噪）
人…人…人…一…亻（俠）
日…幺…幺…灬…頁（顯）

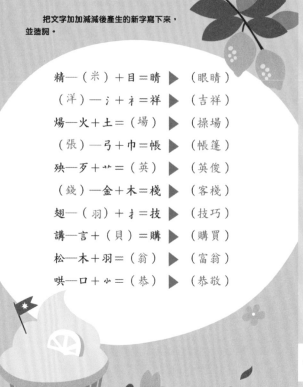

把文字加加減減後產生的新字寫下來，並造詞。

精—（米）+目=睛 ▶（眼睛）
（洋）—氵+礻=祥 ▶（吉祥）
煬—火+土=（場）▶（操場）
（張）—弓+巾=帳 ▶（帳篷）
殊—歹+艹=（英）▶（英俊）
（錢）—金+木=棧 ▶（客棧）
翅—（羽）+扌=技 ▶（技巧）
講—言+（貝）=購 ▶（購買）
松—木+羽=（翁）▶（富翁）
哄—口+小=（恭）▶（恭敬）

197

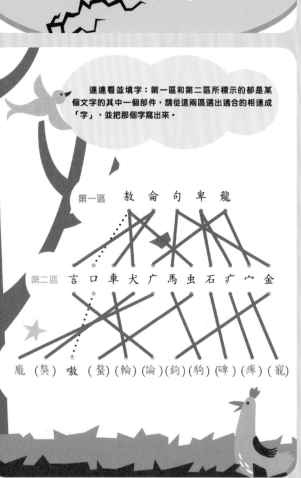

連連看並填字：第一區和第二區所標示的都是某個文字的其中一個部件，請從這兩區選出適合的相連成「字」，並把那個字寫出來。

第一區　敖　侖　句　卑　龍
第二區　言　口　車　犬　广　馬　虫　石　疒　宀　金

龐（獒）嗷（螯）（輪）（論）（鉤）（駒）（碑）（痺）（寵）

這裏有一個迷宮，只要照着相同部首的字往前走，就可以走出迷宮了。

易混字大對決：
請從上面的提示字中，選一個正確的字填入（ ）中。

噪 燥	▪ 樓上的鄰居常製造（噪）音。 ▪ 天乾物（燥），小心火燭。
訟 頌	▪ 她用詩歌來讚（頌）神。 ▪ 這個案件已經進入訴（訟）程序。
佯 徉	▪ 大野狼（佯）裝成綿羊的樣子。 ▪ 這隻羊很悠閒的在草地上徜（徉）。
技 枝	▪ 樹（枝）迎着陽光朝天空伸展。 ▪ 這個得獎人的（技）藝超群。
恃 侍	▪ 他仗（恃）着官威欺負人。 ▪ 這個嬌嬌女被服（侍）慣了。

198

「包」家族被抗議太強勢了，於是原本跟他們搭檔的部首紛紛出走，你能認出這些部首的原貌嗎？

苞→部首原貌： 艸
胞→部首原貌：（肉）
雹→部首原貌：（雨）
飽→部首原貌：（食）
刨→部首原貌：（刀）
抱→部首原貌：（手）
袍→部首原貌：（衣）
炮→部首原貌：（火）
泡→部首原貌：（水）

字詞串丸子：寫出下列文字的部首，並造詞。

部首

籠	操	碑	底	夠
竹	手	石	广	夕
竹籠	操心	石碑	底片	足夠
燈籠	操勞	碑文	底細	夠本

造詞

恭	歧	殘	奮	尾
心	止	歹	大	尸
恭候	歧見	殘留	奮鬥	尾巴
恭喜	分歧	殘忍	振奮	尾端

部首

造詞

「氐」家族和「氏」家族因為長得太像，常常被誤認，所以這兩個家族的族長決定合辦一個辨識大會，只讓族人保留非部首的部件出場，請來實辨別看看這個部件到底該配合「氐」還是「氏」才能成為一個完整的字，你也來玩玩這個辨識遊戲吧！

氐　氏

糸（紙）
舌（舐）
言（詆）
木（柢）
羊（羝）
亻（低）
礻（祗）
石（砥）
礻（祇）
阝（邸）
广（底）
牛（牴）
扌（抵）

部首變形術：下面這些部首只要跟其他文字組成一個合體字時，部首就會改變，請你寫出含有這個部首變形後的字。（不會的部首可以查字典哦！）

人——（仁）、（信）

手——（提）、（抓）

心——（怡）、（慕）

足——（跑）、（跳）

牛——（牧）、（特）

犬——（狼）、（狠）

网——（罕）、（罪）

羊——（美）、（羚）

辵——（迷）、（退）

攴——（收）、（敎）

請你根據圖畫的提示，跟正確的「丁」家族字相連，並造一個詞。

釘

叮

疔

酊

頂

訂

叮咬

鐵釘

屋頂

酩酊大醉

訂單

疔瘡

有些字的部首很調皮，喜歡玩躲貓貓的遊戲，你能找出這些字分別屬於什麼部首嗎？

企——（人）部

央——（大）部

尺——（尸）部

盾——（目）部

聚——（耳）部

名——（口）部

拳——（手）部

可——（口）部

天——（大）部

尼——（尸）部

疊淋架屋組文字：請你跟從下面的部件提示，組出一個文字。

女＋又→（奴）＋心→（怒）

尸＋至→（屋）＋扌→（握）

戈＋戈→（炎）＋皿→（盞）

弓＋長→（張）＋氵→（漲）

重＋力→（動）＋忄→（慟）

酋＋寸→（尊）＋足→（蹲）

口＋貝→（員）＋扌→（損）

咸＋心→（感）＋忄→（憾）

扌＋斤→（折）＋口→（哲）

月＋月→（朋）＋山→（崩）＋足→（蹦）

口＋口＋口→（品）＋木→（桌）＋氵→（澡）

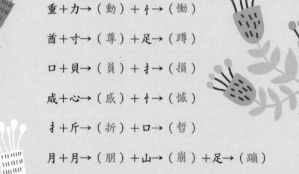

全書文字索引

字的家族 3
人體與同源字篇

編　　著／邱昭瑜
繪　　圖／吳若嫻
責任編輯／甄艷慈
出　　版／新雅文化事業有限公司
　　　　　香港英皇道 499 號北角工業大廈 18 樓
　　　　　電話：(852) 2138 7998
　　　　　傳真：(852) 2597 4003
　　　　　網址：http://www.sunya.com.hk
　　　　　電郵：marketing@sunya.com.hk
發　　行／香港聯合書刊物流有限公司
　　　　　香港新界大埔汀麗路 36 號中華商務印刷大廈 3 字樓
　　　　　電話：(852)2150 2100
　　　　　傳真：(852)2407 3062
　　　　　電郵：info@suplogistics.com.hk
印　　刷／振宏文化事業有限公司
版　　次／二〇一四年七月初版
　　　　　二〇一七年六月第四次印刷

ISBN：978-962-08-6144-4
© 2014 Sun Ya Publications (HK) Ltd.
18/F, North Point Industrial Building, 499 King's Road,
Hong Kong
Published in Hong Kong

讀後心得紀錄

讀後心得紀錄

....

....

....

....

....

....

....

....

....

....

....

....

....

....

....

....

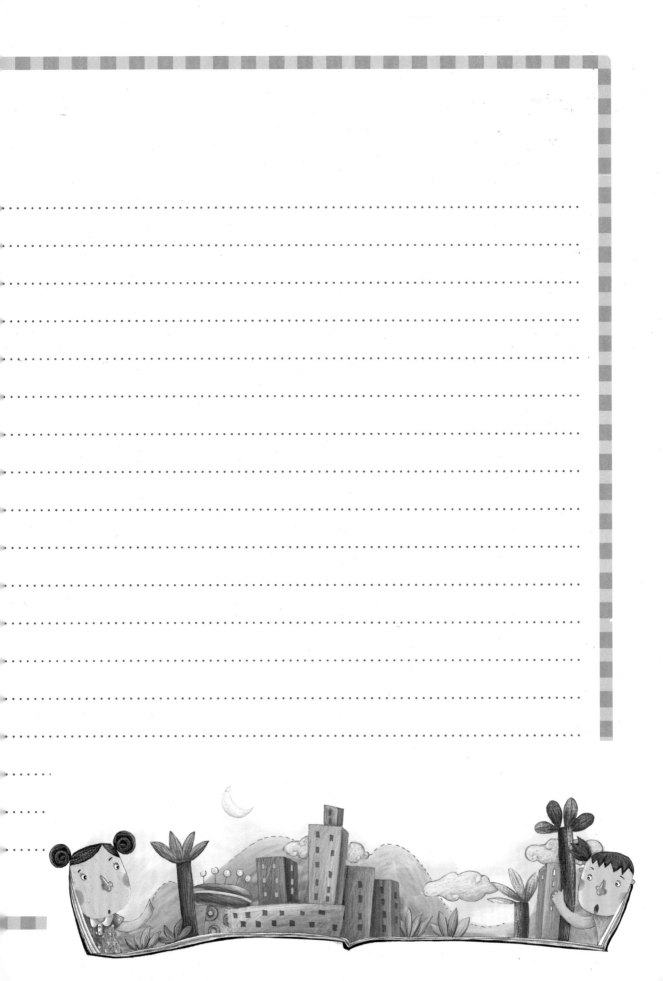

讀後心得紀錄

....
....
....
....
....
....
....
....
....
....
....
....
....
....
....
....